京津冀
冷涡暴雨 图集

张迎新　周 璇　刘瑞鑫　郝 翠◎著

气象出版社

China Meteorological Press

内 容 简 介

本书依据高空实况观测资料、欧洲中期天气预报中心发布的第五代大气再分析数据集（ERA5）资料，筛选了 2010—2019 年的冷涡天气过程，并依据京津冀 175 个国家基本气象站逐日（逐时）降水资料统计了京津冀 42 个冷涡暴雨降水过程，简要描述了冷涡暴雨过程的降雨实况、天气形势、云图和对流潜势特征。

本书较全面地反映和记录了近 10 年来京津冀冷涡背景下暴雨状况，既可为京津冀气象部门开展冷涡背景下强降水的监测、预报、科技攻关、预报技术总结等提供基础资料，也可供从事气象、水文、水利、农业等方面的科研业务、教育培训及相关人员参考。

图书在版编目（ＣＩＰ）数据

京津冀冷涡暴雨图集 / 张迎新等著. -- 北京 ： 气象出版社，2024.2
ISBN 978-7-5029-8160-0

Ⅰ．①京… Ⅱ．①张… Ⅲ．①冷涡－暴雨分析－图集－华北地区 Ⅳ．①P458.1-64

中国国家版本馆CIP数据核字(2024)第042278号

京津冀冷涡暴雨图集
Jingjinji Lengwo Baoyu Tuji

出版发行：气象出版社

地　　　址：北京市海淀区中关村南大街 46 号　　　邮政编码：100081
电　　　话：010-68407112（总编室）　010-68408042（发行部）
网　　　址：http://www.qxcbs.com　　　**E-mail**：qxcbs@cma.gov.cn
责任编辑：张　媛　　　　　　　　　　终　审：吴晓鹏
责任校对：张硕杰　　　　　　　　　　责任技编：赵相宁
封面设计：艺点设计
印　　　刷：北京建宏印刷有限公司
开　　　本：787 mm×1092 mm　1/16　　　印　张：11.5
字　　　数：283 千字
版　　　次：2024 年 2 月第 1 版　　　印　次：2024 年 2 月第 1 次印刷
定　　　价：99.00 元

前　　言

　　按气象行业标准《东北冷涡判别》,东北冷涡是指在 105°—145°E,35°—60°N 范围内,500 hPa 高空天气图上至少有一条闭合等高线,配合有明显的冷槽或冷中心的气旋性环流系统,并将等高线中心所在位置定义为东北冷涡中心。若东北冷涡判别条件连续 3 d 满足,则定义为东北冷涡过程。在冷涡过程中,京津冀范围内任意一国家站 24 h 滚动累计降水量≥50 mm,且相应 24 h 内该站点出现≥20 mm·h^{-1}降水的过程,定义为冷涡暴雨降水过程。

　　东北冷涡是我国北方地区重要的天气尺度系统,与强对流、暴雨天气过程密切相关。东北冷涡带来的暴雨具有局地性强、雨强大、移动快、突发性等特点,造成的灾害损失大。如 2011 年 6 月 23 日,东北冷涡造成华北地区的强对流天气并产生了局地的暴雨,北京石景山模式口 16—17 时雨强达 128.9 mm·h^{-1},造成城市渍涝严重、交通瘫痪等。

　　多年来,京津冀气象科研和业务人员针对东北冷涡背景下强对流天气进行分析研究,但多局限于一个或几个典型个例分析。为了让广大气象科研业务人员清晰地认识和全面地把握冷涡暴雨的天气规律和环境场特征,在课题组成员的共同努力下,顺利完成了 2010—2019 年冷涡暴雨过程的筛选、人工复查、实况降水量分布、卫星云图、天气形势、对流潜势等工作。本书由国家重点研发计划课题(2018YFC1507305)资助。由课题组人员负责本书内容框架的设计及撰写。在编撰过程中,北京市气象台领导给予了帮助及协调,项目首席专家王元教授以及张守保正高级工程师对本书的编写和出版提出了诸多建议和支持,在此表示衷心感谢!

　　由于作者水平有限,编写时间仓促,书中不妥之处在所难免,敬请读者批评和指正。

作者

2023 年 5 月

目　录

第1章

综　述①

冷涡是造成华北地区夏季强对流的重要天气系统。在冷涡系统形成、发展以及消亡过程中均可发生突发性、局地性以及致灾性强的短时强降水、雷暴大风、冰雹等强对流天气(李江波等,2011;杨姗姗 等,2016)。京津冀地区将近一半的短时强降水出现在东北冷涡背景下(郁珍艳 等,2011)。其中,2012 年 7 月 21 日是 2010—2019 年雨量最大的冷涡暴雨过程,京津冀全区域出现大暴雨或特大暴雨,北京国家级气象观测站平均雨量超过 190 mm,此次过程造成了严重的生命和财产损失,据统计,北京、河北共计 12 人死亡(其中大部分为溺水)(俞小鼎,2012);2015 年 8 月 22—30 日是持续时间最久的冷涡过程,以郑州为例,间歇性遭受了 5 次对流天气过程袭击,分别在 22 日、26 日、28 日、29 日和 30 日,此次过程主要出现在午后,以局地强雷电、短时强降水和冰雹天气为主,预报难度高而且影响较大,造成了城市积水、交通瘫痪和部分地区农作物绝收等严重经济损失(崔慧慧 等,2017)。因此,开展针对东北冷涡背景下京津冀地区强降水天气的研究具有重要的实际意义。

前人的研究(郁珍艳 等,2011;何晗 等,2015)表明,东北冷涡(简称冷涡)天气具有明显的月变化特征,冷涡背景下强降水多出现在 7 月。冷涡强降水落区较为分散,主要出现在冷涡的东南象限(符娇兰 等,2019),即在京津冀沿海地区发生的概率较大(郁珍艳 等,2011)。冷涡在成熟期强降水主要由局地对流不稳定产生,因此,强降水日变化特征明显,主要发生在午后至傍晚(陈力强 等,2008;李尚锋 等,2022)。

本书将基于京津冀逐时降水资料和再分析资料研究分析 2010—2019 年京津冀地区冷涡背景下强降水的时空分布特征,并对 42 个具有代表性的京津冀冷涡暴雨过程展开降雨实况、天气形势和对流潜势分析。

1.1　资料及应用

本书所采用的数据包括 2010—2019 年 5—8 月京津冀地区 175 个国家级地面气象观测站(以下简称国家站)(图 1.1)逐时降水观测数据、每日 2 次实况资料和欧洲中期天气预报中心(ECMWF)发布的第五代大气再分析数据集(ERA5)资料。其中,ERA5 资料时间分辨率为 1 h,水平分辨率为 $0.25° \times 0.25°$。

日界界定:当日 08 时至次日 08 时(北京时),例如,1 日降水量为 1 日 08 时至 2 日 08 时的累计值。

---

① 引自 Xing N, Zhang Y, Li S, et al, 2023. The features and probability forecasting of short-duration heavy rainfall in the Beijing-Tianjin-Hebei region caused by North China cold vortices.

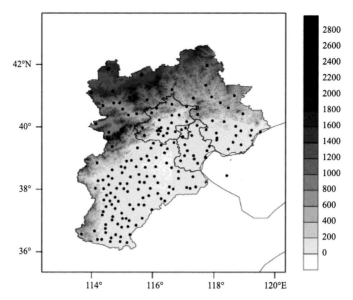

图 1.1　2010—2019 年 5—8 月京津冀地区 175 个国家级地面气象观测站分布情况
黑点代表台站位置,填色为地形高度(单位:m)

　　短时强降水:指小时降水量 ≥ 20 mm 的降水。

　　短时强降水累计频次:某地区出现短时强降水的总站次数,可以按年、月、时域进行统计。如 2012 年京津冀地区共出现 260 站次;2010—2019 年的 6 月共出现 140 站次。

　　雨强:指 1 时累计降水量,单位 mm/h。

　　平均雨强:指某地区某时间段内出现的短时强降水的累计降水量/出现短时强降水的总站次数。

1.2　冷涡背景下强降水天气的时空分布特征

　　按《东北冷涡判别》(申报稿)定义:500 hPa 高空图上 105°—145°E、35°—60°N 出现闭合等高线,并有冷中心或冷槽相配合,且持续 3 d 或以上的低压环流系统。本书基于该定义对 2010—2019 年 5—8 月的 500 hPa 天气图进行筛选,并采用气象业务中强降水的标准(≥20 mm·h⁻¹)来统计冷涡背景下京津冀强降水特征。

　　在冷涡筛选的基础上,根据统计分析结果,利用动态合成分析方法(沈新勇 等,2020)对冷涡结构进行分析。图 1.2 给出了冷涡在 500 hPa 位势高度场及温度场的分布,可以看到,冷涡存在明显的等高线闭合圈,中心的最低位势高度可达 5520 gpm;并且冷涡的低压中心有冷槽相配合。

1.2.1　强降水天气的时间分布特征

　　图 1.3 为冷涡背景下京津冀地区短时强降水累计频次的年际、月际以及时域变化分布。由图 1.3a 可见,冷涡引起的京津冀地区短时强降水天气具有明显的年际变化特征,但无明显减少趋势。其中,强降水总站次在 2012 年最多,达 260 站次;2009 年和 2019 年的最少,均为 27 站次。此外,冷涡背景下京津冀地区短时强降水 5—8 月累计频次分别为 12 站次、140 站次、

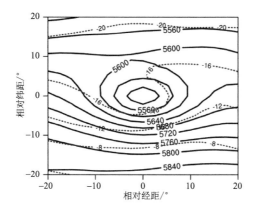

图 1.2　2010—2019 年 5—8 月京津冀冷涡过程 500 hPa 位势高度场（单位：gpm，黑色实线代表等高线，
等值线间隔 40 gpm）和温度场（单位：℃，红色虚线代表等温线，等值线间隔 4 ℃）分布

图 1.2 是动态合成图，坐标原点为冷涡合成中心，横、纵坐标分别为相对冷涡中心的经、纬度

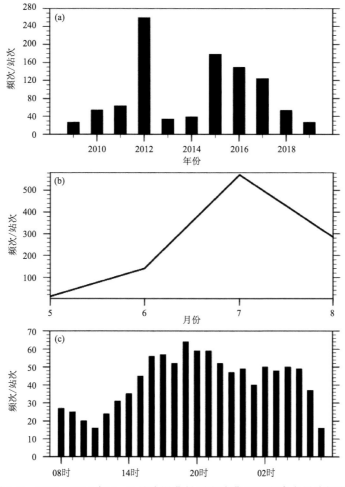

图 1.3　2010—2019 年 5—8 月冷涡背景下京津冀地区强降水累计频次的
年际（a）、月际（b）以及时域变化（c）

571 站次和 285 站次,7 月约占 57%。可见,冷涡强降水主要出现在 7 月(约 57%)(图 1.3b),与郁珍艳等(2011)的研究结论一致。冷涡引起的京津冀地区短时强降水还具有明显的时域变化特征,强降水天气主要发生在 16—21 时以及 02—05 时。傍晚前后的强降水峰值与太阳辐射加热有关,凌晨的强降水次峰值可能与低空急流相关(何晗 等,2015)。郁珍艳等(2011)的研究表明,冷涡背景下京津冀地区强降水在 2001—2008 年主要发生在 13—19 时,说明近年来华北冷涡引起的京津冀地区的强降水峰值时段有所后移,并且在半夜出现了一个强降水次峰值。

1.2.2 强降水天气的空间分布特征

为了进一步分析冷涡背景下京津冀地区强降水天气的空间特征,图 1.4 给出了冷涡短时强降水累计频次的空间分布。冷涡引起的短时强降水在京津冀东北部沿海一带较为频发,局地超过 15 站次,其向西北方向减少。与郁珍艳等(2011)结论不同的是,近些年北京(除山区外)以及京津冀交界也为冷涡强降水高发区,局地同样超过 15 站次。

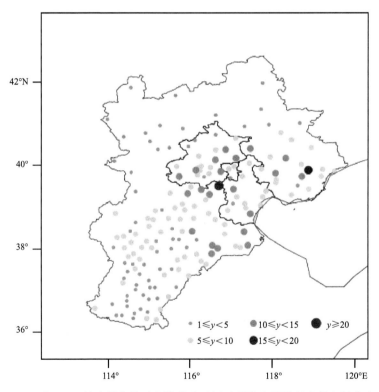

图 1.4　2010—2019 年 5—8 月冷涡背景下京津冀地区短时强降水累计频次的空间分布(单位:站次)
y 代表短时强降水累计频次,下同

短时强降水频次的空间分布同样存在明显的时域变化特征(图 1.5)。从不同时域强降水累计频次的空间分布可见,冷涡引起的强降水在 08—14 时最少,主要分布在京津冀平原地区,除个别站点外短时强降水累计频次基本在 1~3 站次(图 1.5a)。14—20 时,短时强降水出现范围有所扩大,并且发生频次存在较大的空间差异。北京和河北沿山一带以及京津冀东北部发生强降水的频次较高,部分地区超过 5 站次,其中,北京西南部最高达 7 站次(图 1.5b);强降水高发区在 20 时至次日 02 时继续东移,主要出现在北京东部以及与河北交界等地区,局地出现频次最高达 8 站次(图 1.5c);后半夜(02—08 时)强降水高发区移至京津冀东部沿海一带地区(图 1.5d)。该结果进一步证明了近些年来冷涡引起的短时强降水发生时间有所后移,主要在傍晚至半夜。

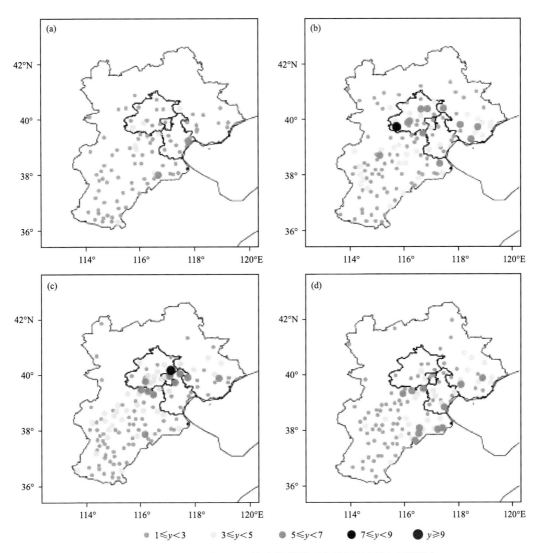

图 1.5　2010—2019 年 5—8 月冷涡背景下京津冀地区短时强降水
累计频次(y)在不同时域的空间分布(单位:站次)
(a)08—14 时;(b)14—20 时;(c)20 时至次日 02 时;(d)02—08 时

1.2.3　强降水天气的强度特征

冷涡背景下京津冀地区强降水天气具有明显的空间分布特征,那么强降水的极端性如何?为了进一步分析冷涡强降水的极端性,图 1.6 给出了冷涡背景下京津冀地区短时强降水平均雨强的空间分布。大部分地区短时强降水的平均雨强在 $25\sim35$ mm·h^{-1},平均雨强较大区域位于北京东南及与河北保定交界、河北张家口以及南部等局地地区,平均雨强超过 40 mm·h^{-1}。综合冷涡引起的短时强降水发生频次及平均雨强可知,河北张家口及南部局地降水次数少但雨强更为极端,北京东南部及与河北保定交界处强降水高发且极端,而京津冀东部沿海一带的强降水虽高发但雨强一般。

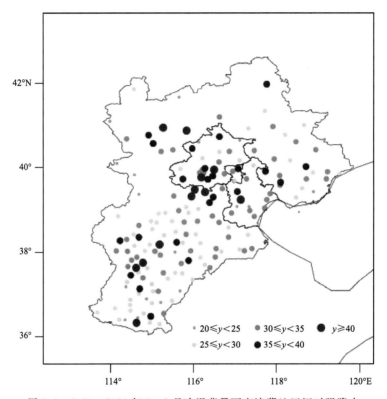

图 1.6　2010—2019 年 5—8 月冷涡背景下京津冀地区短时强降水
平均雨强(y)的空间分布(单位:mm·h^{-1})

第2章

2010—2019 年京津冀冷涡暴雨过程个例

2.1 2010 年 7 月 31 日京津冀地区南部局地暴雨

【降雨实况】2010 年 7 月 31 日京津冀地区南部出现局地暴雨,最大日累计降水量达 86.1 mm (图 2.1)。国家站中最大雨强出现在深泽站,17—18 时连续两个时次雨强超过 40 mm·h^{-1}, 18 时最大,达 44.7 mm·h^{-1}(图 2.2)。

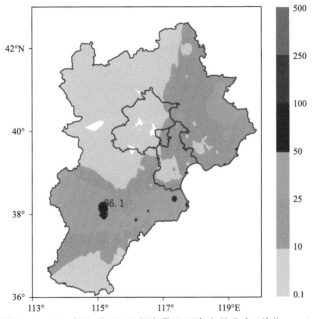

图 2.1 2010 年 7 月 31 日京津冀地区降水量分布(单位:mm)

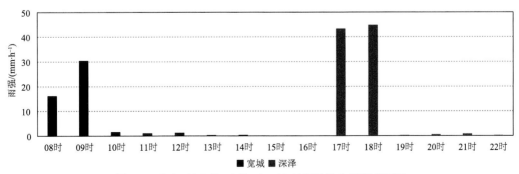

图 2.2 2010 年 7 月 31 日 08—22 时宽城站和深泽站雨强

【天气形势和对流潜势】500 hPa 西风带呈"两槽(涡)一脊"的环流形势,影响我国内蒙古自治区、东北、华北的冷涡中心位于黑龙江省北部,京津冀地区位于冷涡底部偏西气流中;副热带高压(以下简称"副高")分为东、西两个中心,分别位于30°N东海海面、青海省东部,两者之间有一低压中心。在对流层低层,京津冀地区南部和东部位于低空切变线附近,在对流层高层,位于 200 hPa 高空急流入口区右侧;同时南部、东部具备较好的低层水汽条件(925 hPa 比湿约 20 g·kg^{-1})和暖平流条件(10×10^{-5} K·s^{-1})(图 2.3)。京津冀地区东部 K 指数约 30 ℃和南部 K 指数约 25 ℃,假相当位温大于 360 K;南部低层辐合中心、高层辐散中心与暴雨落区均有较好对应关系,对应在东部暴雨区附近有上升运动的强中心(−40×10^{-2} Pa·s^{-1}),

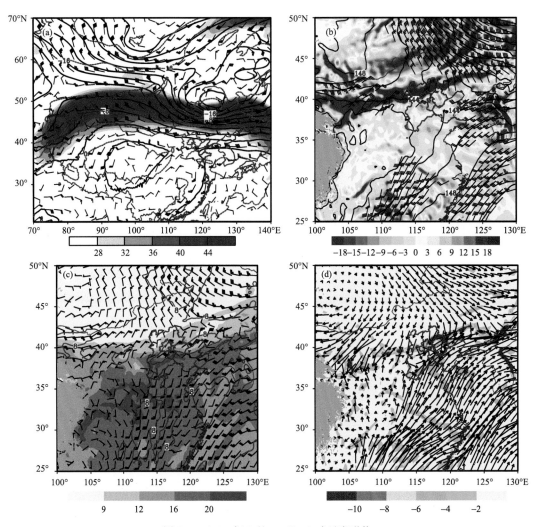

图 2.3　2010 年 7 月 31 日 06 时环流形势

(a)200 hPa 高空急流(填色,水平风速≥28 m·s^{-1},单位:m·s^{-1}),500 hPa 位势高度场(黑色实线,单位:dagpm),500 hPa 温度场(红色虚线,单位:℃),500 hPa 风场(黑色箭头,单位:m·s^{-1});(b)850 hPa 温度平流(填色,单位:10^{-5} K·s^{-1}),850 hPa 水平风速≥8 m·s^{-1}(风标,单位:m·s^{-1});(c)925 hPa 比湿(填色,单位:g·kg^{-1}),925 hPa 风场(风标,单位:m·s^{-1},蓝色实线为风速 8 m·s^{-1});(d)整层水汽通量散度(填色,单位:10^{-3} g·(m^2·s)$^{-1}$),整层水汽通量(黑色箭头,单位:1×10^3 g·(m·s)$^{-1}$)

30 日午后,在南部暴雨区附近有对流有效位能(以下简称 CAPE)达到峰值,大值中心为 3500～
4000 J·kg⁻¹(图 2.4)。受其影响,对流云团于 7 月 31 日下午在京津冀地区中部和南部加强
(图 2.5),并在南部产生暴雨。

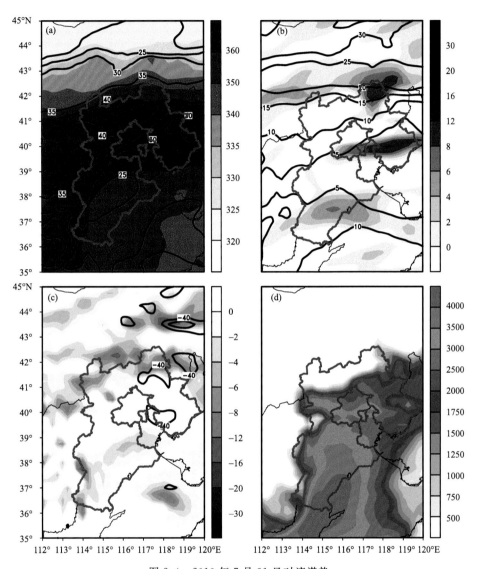

图 2.4　2010 年 7 月 31 日对流潜势

31 日 06 时(a)K 指数(黑色等值线,单位:℃,间隔:5 ℃)和假相当位温(填色,单位:K);(b)200 hPa 高空辐
散场(填色,单位:10⁻⁵ s⁻¹)和 500 hPa、850 hPa 之间垂直风切变(黑色等值线,单位:m·s⁻¹,间隔:5 m·s⁻¹);
(c)850 hPa 高空辐合场(填色,单位:10⁻⁵ s⁻¹)和 850 hPa 垂直速度(黑色等值线,单位:10⁻² Pa·s⁻¹,间隔:
40×10⁻² Pa·s⁻¹);30 日 12 时(d)对流有效位能(填色,单位:J·kg⁻¹)

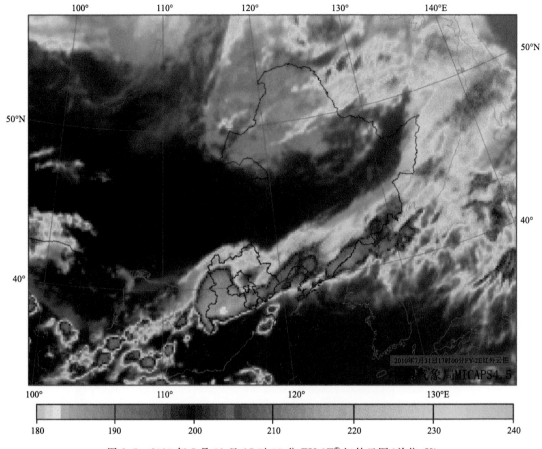

图 2.5　2010 年 7 月 31 日 17 时 00 分 FY-2E[①]红外云图(单位:K)

2.2　2012 年 4 月 24 日京津冀地区东部局地暴雨

【降雨实况】2012 年 4 月 24 日京津冀地区东部出现局地暴雨,最大日累计降水量达 67.1 mm (图 2.6)。国家站中最大雨强出现在冀州站,11 时最大,达 29.3 mm·h^{-1}(图 2.7)。

【天气形势和对流潜势】500 hPa 西风带呈"一槽一脊"的环流形势,深厚的东北—西南向高空槽位于内蒙古自治区东部至青海省东部,京津冀地区位于槽前脊后偏南气流中。在对流层低层,京津冀地区东南部位于气旋东北侧暖锋系统控制下,在对流层高层,位于 200 hPa 高空急流入口区右侧;同时南部具备较好的低层水汽条件(925 hPa 比湿约 14 g·kg^{-1})和水汽输送通道(图 2.8)。京津冀地区东南部 K 指数约 30 ℃,假相当位温约 340 K;上升运动随暖锋呈显著西南—东北向倾斜,京津冀地区南部对应低层辐合中心,东部对应高层辐散中心;暴雨区位于低层辐合中心附近,同时暴雨区与 850 hPa 上升运动的强中心(−100×10^{-2} Pa·s^{-1})有较好的对应关系;相对来说,暴雨区附近比其他地区对流不稳定能量更加充沛(图 2.9)。受其影响,4 月 24 日早晨高空槽云系前部的暖区中有对流云团发展加强(图 2.10),在京津冀地区东部产生暴雨。

---

①　FY-2E 代表风云二号系列卫星,下同。

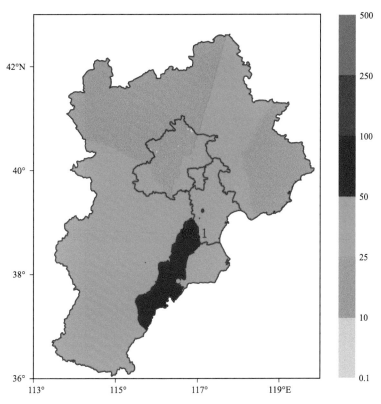

图 2.6　2012 年 4 月 24 日京津冀地区降水量分布(单位:mm)

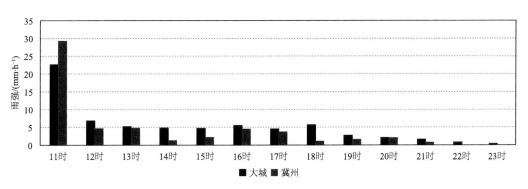

图 2.7　2012 年 4 月 24 日 11—23 时大城站和冀州站雨强

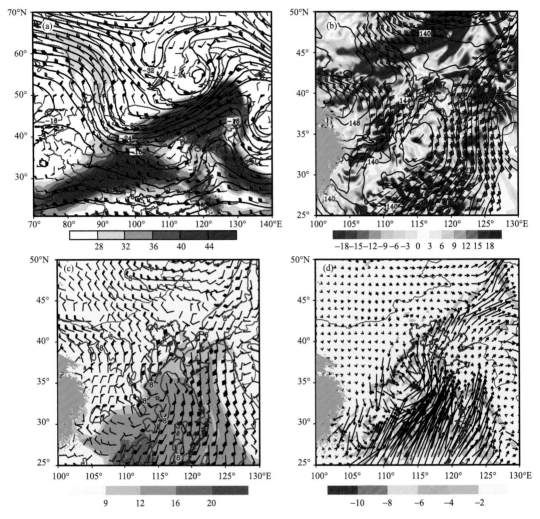

图 2.8　2012 年 4 月 24 日 05 时环流形势

(a)200 hPa 高空急流(填色,水平风速≥28 m·s⁻¹,单位:m·s⁻¹),500 hPa 位势高度场(黑色实线,单位:dagpm),500 hPa 温度场(红色虚线,单位:℃),500 hPa 风场(黑色箭头,单位:m·s⁻¹);(b)850 hPa 温度平流(填色,单位:10⁻⁵ K·s⁻¹),850 hPa 水平风速≥8 m·s⁻¹(风标,单位:m·s⁻¹);(c)925 hPa 比湿(填色,单位:g·kg⁻¹),925 hPa 风场(风标,单位:m·s⁻¹,蓝色实线为风速 8 m·s⁻¹);(d)整层水汽通量散度(填色,单位:10⁻³ g·(m²·s)⁻¹),整层水汽通量(黑色箭头,单位:1×10³ g·(m·s)⁻¹)

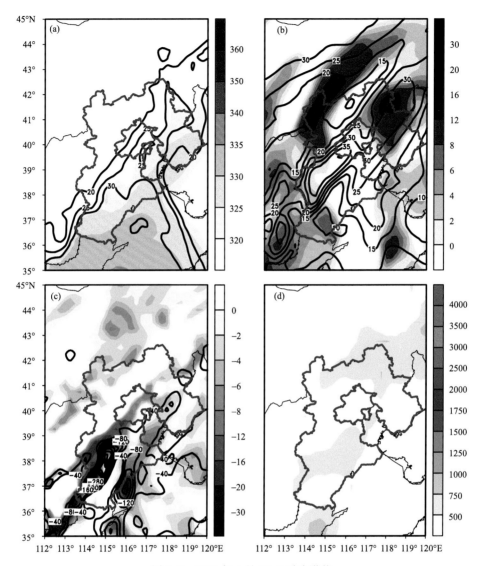

图 2.9　2012 年 4 月 24 日对流潜势

24 日 11 时(a)K 指数(黑色等值线,单位:℃,间隔:5 ℃)和假相当位温(填色,单位:K);(b)200 hPa 高空辐散场(填色,单位:10^{-5} s^{-1})和 500 hPa、850 hPa 之间垂直风切变(黑色等值线,单位:m·s^{-1},间隔:5 m·s^{-1});(c)850 hPa 高空辐合场(填色,单位:10^{-5} s^{-1})和 850 hPa 垂直速度(黑色等值线,单位:10^{-2} Pa·s^{-1},间隔:$40×10^{-2}$ Pa·s^{-1});23 日 17 时(d)对流有效位能(填色,单位:J·kg^{-1})

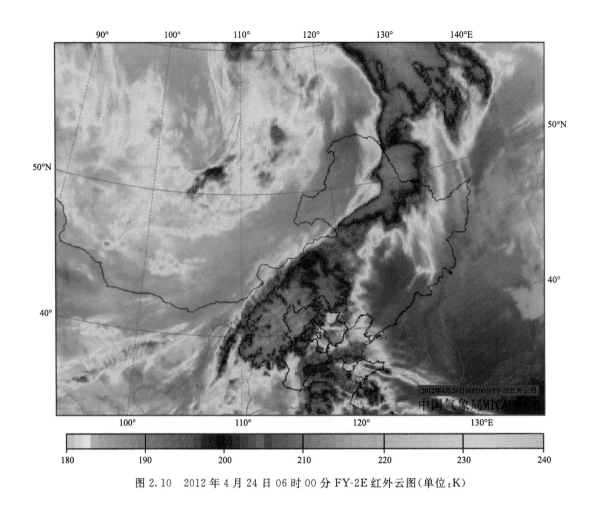

图 2.10　2012 年 4 月 24 日 06 时 00 分 FY-2E 红外云图(单位:K)

2.3　2012 年 6 月 3 日京津冀地区东部局地暴雨

【降雨实况】2012 年 6 月 3 日京津冀地区东部出现局地暴雨,最大日累计降水量达 51.4 mm (图 2.11)。国家站中最大雨强出现在石景山站,11 时最大,达 24.3 mm·h⁻¹(图 2.12)。

【天气形势和对流潜势】500 hPa 西风带呈"一槽(涡)两脊"的环流形势,贝加尔湖西侧至我国内蒙古自治区东部为宽广的低涡,京津冀地区位于低涡底部偏西气流中。在对流层低层,京津冀地区东部位于反气旋东西侧西南气流控制下,1203 号台风"玛娃"中心位于台湾岛以东洋面,在对流层高层,位于 200 hPa 高空急流出口区左侧;同时中部和东部具备较好的低层水汽条件(925 hPa 比湿约 14 g·kg⁻¹)和暖平流条件(＞15×10⁻⁵ K·s⁻¹),水汽辐合主要集中在东部(图 2.13)。京津冀地区东南部 K 指数约 35 ℃,假相当位温约 335 K;高层辐散、低层辐合以及上升运动的强中心(−80×10⁻² Pa·s⁻¹)均与暴雨落区较好对应;CAPE 为 750～1000 J·kg⁻¹(图 2.14)。受其影响,6 月 3 日下午有对流云团在京津冀地区中东部发展(图 2.15),并在东部局地产生暴雨。

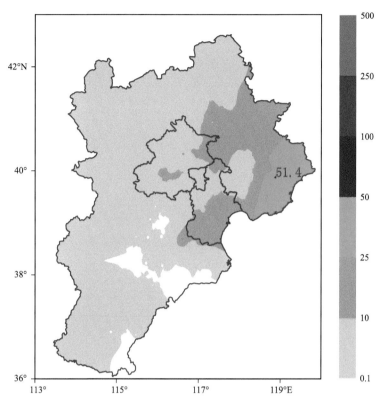

图 2.11　2012 年 6 月 3 日京津冀地区降水量分布①（单位：mm）

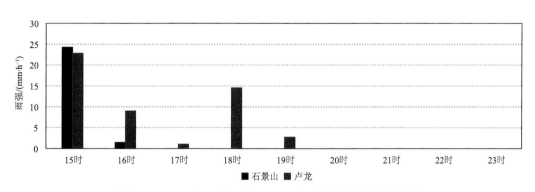

图 2.12　2012 年 6 月 3 日 15—23 时石景山站和卢龙站雨强

①　因站点插值缘故，出图时可能会出现降水极值区域填色值偏小，为此图中标注的降水量最大值出现与图例颜色不符的情况，特此说明，下同。

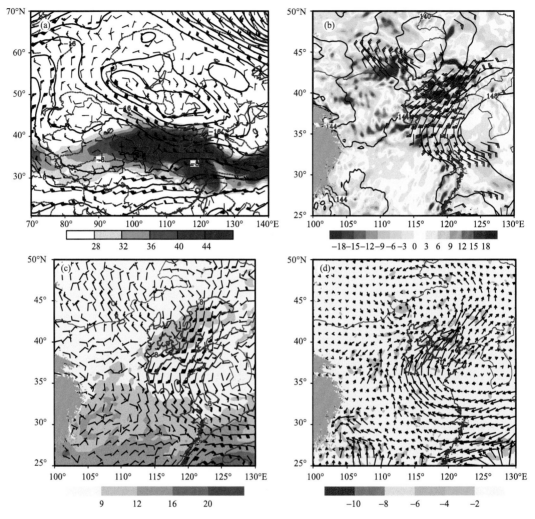

图 2.13　2012 年 6 月 3 日 11 时环流形势

(a)200 hPa 高空急流(填色,水平风速≥28 m·s⁻¹,单位:m·s⁻¹),500 hPa 位势高度场(黑色实线,单位: dagpm),500 hPa 温度场(红色虚线,单位:℃),500 hPa 风场(黑色箭头,单位:m·s⁻¹);(b)850 hPa 温度平流(填色,单位:10⁻⁵ K·s⁻¹),850 hPa 水平风速≥8 m·s⁻¹(风标,单位:m·s⁻¹);(c)925 hPa 比湿(填色, 单位:g·kg⁻¹),925 hPa 风场(风标,单位:m·s⁻¹,蓝色实线为风速 8 m·s⁻¹);(d)整层水汽通量散度(填色,单位:10⁻³ g·(m²·s)⁻¹),整层水汽通量(黑色箭头,单位:1×10³ g·(m·s)⁻¹)

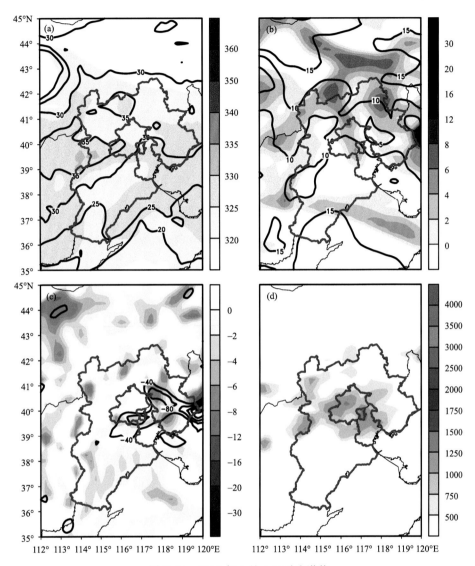

图 2.14　2012 年 6 月 3 日对流潜势

3 日 10 时(a)K 指数(黑色等值线,单位:℃,间隔:5 ℃)和假相当位温(填色,单位:K);(b)200 hPa 高空辐散场(填色,单位:10^{-5} s^{-1})和 500 hPa、850 hPa 之间垂直风切变(黑色等值线,单位:m·s^{-1},间隔:5 m·s^{-1});(c)850 hPa 高空辐合场(填色,单位:10^{-5} s^{-1})和 850 hPa 垂直速度(黑色等值线,单位:10^{-2} Pa·s^{-1},间隔:40×10^{-2} Pa·s^{-1});2 日 16 时(d)对流有效位能(填色,单位:J·kg^{-1})

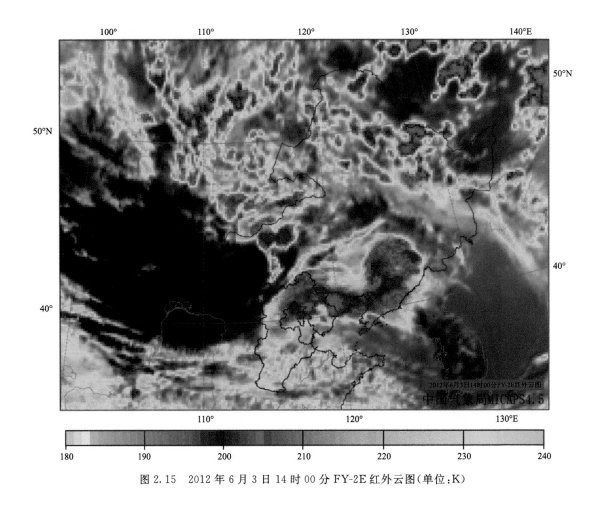

图 2.15　2012 年 6 月 3 日 14 时 00 分 FY-2E 红外云图(单位:K)

2.4　2012 年 7 月 21 日京津冀地区区域性暴雨

【降雨实况】2012 年 7 月 21 日京津冀地区出现区域性暴雨,单站最大日累计降水量达 375.9 mm(图 2.16)。国家站中最大雨强出现在涿州站,连续三个时次雨强超过 45 mm·h^{-1}, 21 时最大,达 80.9 mm·h^{-1}(图 2.17)。

【天气形势和对流潜势】500 hPa 西风带呈"一槽(涡)两脊"的环流形势,影响我国北方的深厚高空槽从稳定在贝加尔湖的切断低压中伸出并延伸至青藏高原东侧,京津冀地区位于槽前西南气流中,副高偏强偏西,中心位于 30°N 附近东海海面。在对流层低层,低空切变线呈西西南—东东北向横贯京津冀地区,在对流层高层,位于 200 hPa 高空急流入口区右侧;同时强大的水汽通道从东海直通河北南部,具备良好的低层水汽条件(925 hPa 比湿约 16 g·kg^{-1},整层水汽通量散度＞－4×10^{-3} g·(m^2·s)$^{-1}$),显著的冷暖气流交汇在京津冀地区中部(图 2.18)。整个京津冀地区 K 指数约 35 ℃,假相当位温＞340 K;高层辐散、低层辐合区沿切变线分布,上升运动强中心主要位于切变线南侧,最大强度超过－120×10^{-2} Pa·s^{-1},并与暴雨落区较好对应,20 日傍晚南部地区 CAPE 累计达到峰值,最大值中心超过 1750 J·kg^{-1}(图 2.19)。受其影响,7 月 21 日夜间有对流云团在西南暖湿气流中逐渐发展(图 2.20),京津冀地区大部分产生暴雨。

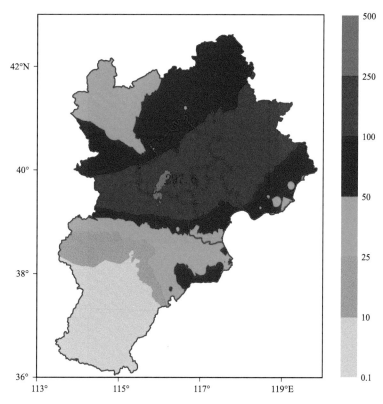

图 2.16　2012 年 7 月 21 日京津冀地区降水量分布(单位:mm)

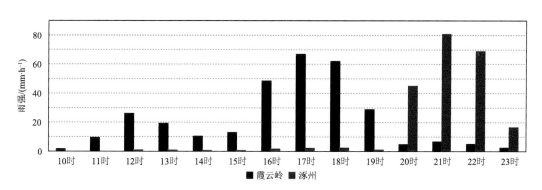

图 2.17　2012 年 7 月 21 日 10—23 时霞云岭站、涿州站雨强

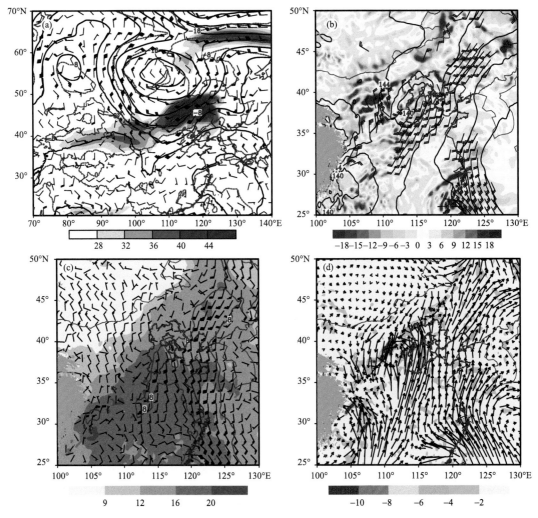

图 2.18　2012 年 7 月 21 日 11 时环流形势

(a)200 hPa 高空急流(填色,水平风速≥28 m・s⁻¹,单位:m・s⁻¹),500 hPa 位势高度场(黑色实线,单位: dagpm),500 hPa 温度场(红色虚线,单位:℃),500 hPa 风场(黑色箭头,单位:m・s⁻¹);(b)850 hPa 温度平流(填色,单位:10⁻⁵ K・s⁻¹),850 hPa 水平风速≥8 m・s⁻¹(风标,单位:m・s⁻¹);(c)925 hPa 比湿(填色,单位:g・kg⁻¹),925 hPa 风场(风标,单位:m・s⁻¹,蓝色实线为风速 8 m・s⁻¹);(d)整层水汽通量散度(填色,单位:10⁻³ g・(m²・s)⁻¹),整层水汽通量(黑色箭头,单位:1×10³ g・(m・s)⁻¹)

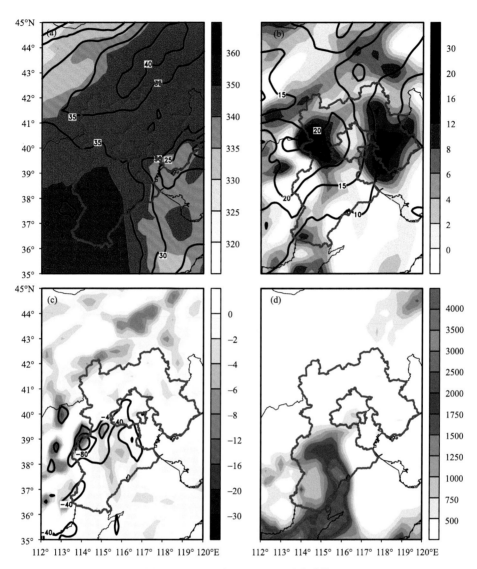

图 2.19　2012 年 7 月 21 日对流潜势

21 日 10 时(a)K 指数(黑色等值线,单位:℃,间隔:5 ℃)和假相当位温(填色,单位:K);(b)200 hPa 高空辐散场(填色,单位:10^{-5} s^{-1})和 500 hPa、850 hPa 之间垂直风切变(黑色等值线,单位:m·s^{-1},间隔:5 m·s^{-1});(c)850 hPa 高空辐合场(填色,单位:10^{-5} s^{-1})和 850 hPa 垂直速度(黑色等值线,单位:10^{-2} Pa·s^{-1},间隔:40×10^{-2} Pa·s^{-1});20 日 16 时(d)对流有效位能(填色,单位:J·kg^{-1})

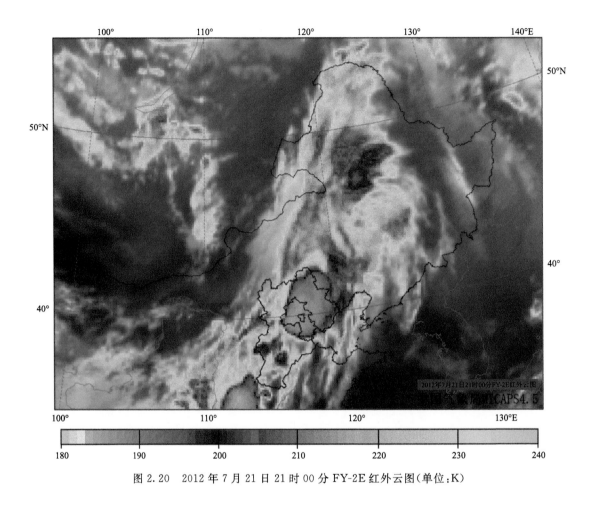

图 2.20　2012 年 7 月 21 日 21 时 00 分 FY-2E 红外云图(单位:K)

2.5　2012 年 7 月 28 日京津冀地区东部局地暴雨

【降雨实况】2012 年 7 月 28 日京津冀地区东部出现局地暴雨,最大日累计降水量达 151.6 mm(图 2.21)。国家站中最大雨强出现在秦皇岛站,20 时最大,达 45.9 mm·h^{-1}(图 2.22)。

【天气形势和对流潜势】500 hPa 西风带呈"一槽两脊"的环流形势,影响华北地区的高空浅槽位于贝加尔湖低压南侧,副高偏强偏北,对东移浅槽形成阻挡,京津冀地区东部位于槽前和副高之间的西南气流中。在对流层低层,西南低空急流纵贯京津冀中东部地区,850 hPa 急流中心强度>18 m·s^{-1},在对流层高层,位于 200 hPa 高空急流入口区右侧;西南低空急流建立良好的水汽通道,为暴雨提供低层水汽条件(925 hPa 比湿约 18 g·kg^{-1}),东部整层水汽通量散度>-6×10^{-3} g·(m^2·s)$^{-1}$,显著的冷暖气流交汇在京津冀中部地区(图 2.23)。京津冀地区东部和南部 K 指数>35 ℃,假相当位温>350 K;高层辐散、低层辐合区主要分布在东部地区,上升运动强中心(-40×10^{-2} Pa·s^{-1}),与暴雨落区较好对应,27 日午后东部和南部地区 CAPE 累计达到峰值,最大值中心超过 3500 J·kg^{-1}(图 2.24)。受其影响,7 月 28 日傍晚有对流云团在京津冀地区东部逐渐发展(图 2.25),京津冀地区东部局地产生暴雨。

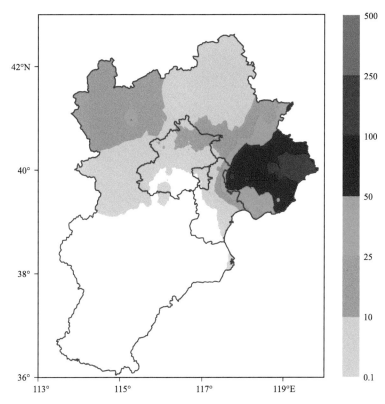

图 2.21　2012 年 7 月 28 日京津冀地区降水量分布（单位：mm）

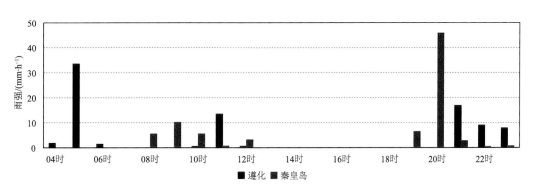

图 2.22　2012 年 7 月 28 日 04—23 时遵化站、秦皇岛站雨强

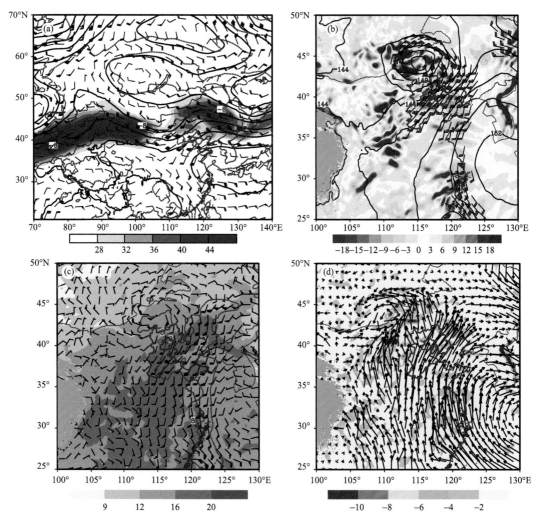

图 2.23　2012 年 7 月 28 日 02 时环流形势

(a)200 hPa 高空急流(填色,水平风速≥28 m・s^{-1},单位:m・s^{-1}),500 hPa 位势高度场(黑色实线,单位:dagpm),500 hPa 温度场(红色虚线,单位:℃),500 hPa 风场(黑色箭头,单位:m・s^{-1});(b)850 hPa 温度平流(填色,单位:10^{-5} K・s^{-1}),850 hPa 水平风速≥8 m・s^{-1}(风标,单位:m・s^{-1});(c)925 hPa 比湿(填色,单位:g・kg^{-1}),925 hPa 风场(风标,单位:m・s^{-1},蓝色实线为风速 8 m・s^{-1});(d)整层水汽通量散度(填色,单位:10^{-3} g・(m^2・s)$^{-1}$),整层水汽通量(黑色箭头,单位:1×10^3 g・(m・s)$^{-1}$)

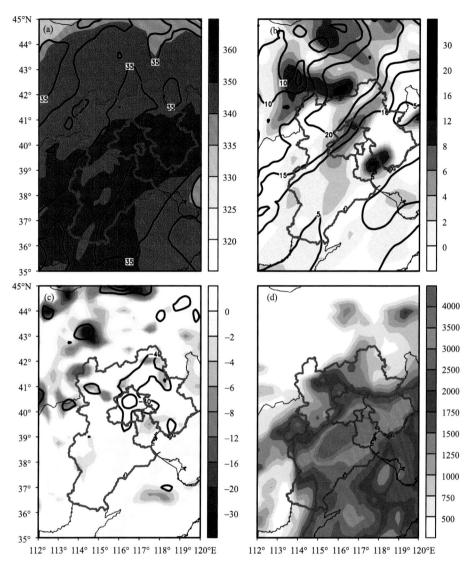

图 2.24　2012 年 7 月 28 日对流潜势

28 日 08 时 (a)K 指数(黑色等值线,单位:℃,间隔:5 ℃)和假相当位温(填色,单位:K);(b)200 hPa 高空辐散场(填色,单位:10^{-5} s^{-1})和 500 hPa、850 hPa 之间垂直风切变(黑色等值线,单位:m·s^{-1},间隔:5 m·s^{-1});(c)850 hPa 高空辐合场(填色,单位:10^{-5} s^{-1})和 850 hPa 垂直速度(黑色等值线,单位:10^{-2} Pa·s^{-1},间隔:40×10^{-2} Pa·s^{-1});27 日 14 时 (d)对流有效位能(填色,单位:J·kg^{-1})

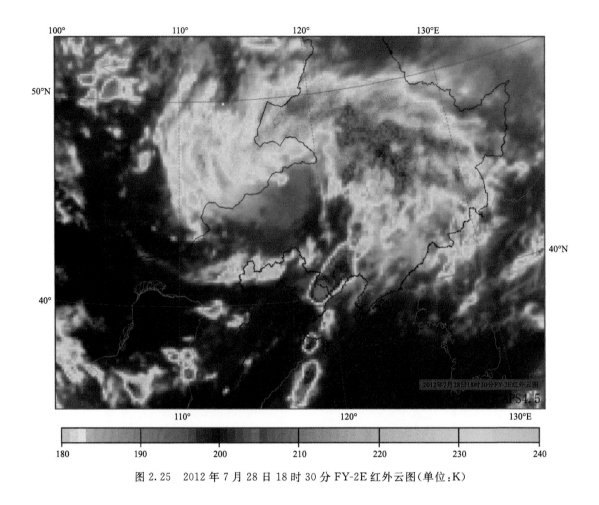

图 2.25 2012 年 7 月 28 日 18 时 30 分 FY-2E 红外云图(单位:K)

2.6 2013 年 7 月 1 日京津冀地区东部和南部暴雨

【降雨实况】2013 年 7 月 1 日京津冀地区东部和南部出现暴雨,最大日累计降水量达 177.3 mm(图 2.26)。国家站中最大雨强出现在宁晋站,19—23 时连续雨强大于 20 mm·h^{-1},21 时最大,达 80.5 mm·h^{-1}(图 2.27)。

【天气形势和对流潜势】500 hPa 西风带呈"两槽(涡)一脊"的环流形势,乌拉尔山至贝加尔湖为宽广的低压槽,影响华北、东北地区的低涡中心位于内蒙古自治区东部,副高偏西偏南,但高压脊沿东部沿海向北延伸显著,京津冀地区东部位于低涡底部和副高北侧的西风急流中,多短波槽连续东移。在对流层低层,1306 号台风"温比亚"中心位于南海北部,与副高配合形成强大的西南低空急流,穿越京津冀地区东南部直达低涡前部,850 hPa 急流中心强度 >20 m·s^{-1},在对流层高层,位于 200 hPa 高空急流出口区右侧;西南低空急流暴雨提供低层水汽条件(925 hPa 比湿约 20 g·kg^{-1})和暖平流条件(>9×10^{-5} K·s^{-1}),并在东部和南部辐合(水汽通量散度>-2×10^{-3} g·(m^2·s)$^{-1}$),显著的冷暖气流交汇在京津冀中部地区(图 2.28)。京津冀地区东部和南部 K 指数>35 ℃,南部假相当位温约 350 K,东部约 340 K;东部和南部低层辐合较大,与暴雨落区的对应关系较好,与此同时,200 hPa 高空辐散在东部、南部也偏大,对应在暴雨区附近有上升运动的强中心($>-40\times10^{-2}$ Pa·s^{-1})。6 月 30 日夜间东部和南部地区 CAPE 不断累计,大值中心为 $1000\sim1750$ J·kg^{-1}(图 2.29)。受其影响,7 月 1 日傍晚到夜间有对流云团在西南暖湿气流中逐渐发展(图 2.30),京津冀地区东部、南部都出现暴雨。

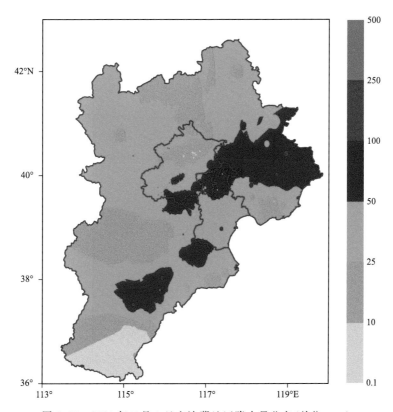

图 2.26　2013 年 7 月 1 日京津冀地区降水量分布(单位:mm)

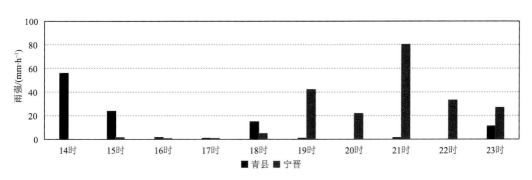

图 2.27　2013 年 7 月 1 日 14—23 时青县站、宁晋站雨强

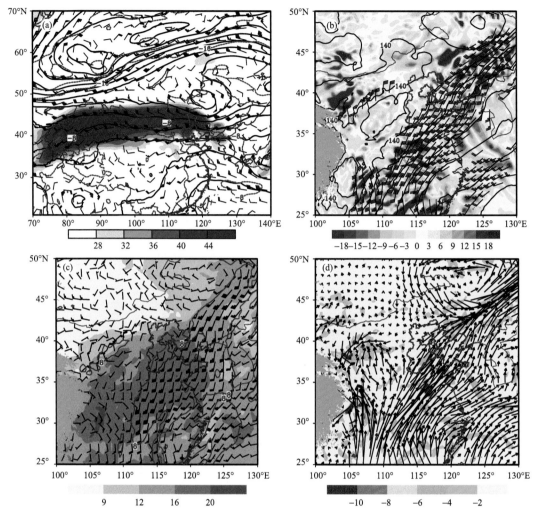

图 2.28 2013 年 7 月 1 日 08 时环流形势

(a)200 hPa 高空急流(填色,水平风速≥28 m·s⁻¹,单位:m·s⁻¹),500 hPa 位势高度场(黑色实线,单位:
dagpm),500 hPa 温度场(红色虚线,单位:℃),500 hPa 风场(黑色箭头,单位:m·s⁻¹);(b)850 hPa 温度平
流(填色,单位:10⁻⁵ K·s⁻¹),850 hPa 水平风速≥8 m·s⁻¹(风标,单位:m·s⁻¹);(c)925 hPa 比湿(填色,
单位:g·kg⁻¹),925 hPa 风场(风标,单位:m·s⁻¹,蓝色实线为风速 8 m·s⁻¹);(d)整层水汽通量散度(填
色,单位:10⁻³ g·(m²·s)⁻¹),整层水汽通量(黑色箭头,单位:1×10³ g·(m·s)⁻¹)

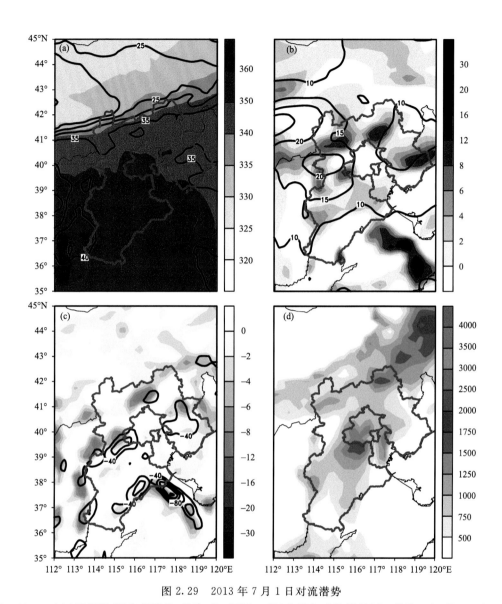

图 2.29　2013 年 7 月 1 日对流潜势

7 月 1 日 12 时(a)K 指数(黑色等值线,单位:℃,间隔:5 ℃)和假相当位温(填色,单位:K);(b)200 hPa 高空辐散场(填色,单位:10^{-5} s^{-1})和 500 hPa、850 hPa 之间垂直风切变(黑色等值线,单位:m·s^{-1},间隔:5 m·s^{-1});(c)850 hPa 高空辐合场(填色,单位:10^{-5} s^{-1})和 850 hPa 垂直速度(黑色等值线,单位:10^{-2} Pa·s^{-1},间隔:40×10^{-2} Pa·s^{-1});6 月 30 日 18 时(d)对流有效位能(填色,单位:J·kg^{-1})

图 2.30 2013 年 7 月 1 日 20 时 00 分 FY-2E 红外云图(单位:K)

2.7 2013 年 7 月 4 日京津冀地区中南部局地暴雨

【降雨实况】2013 年 7 月 4 日京津冀地区中南部出现局地暴雨,最大日累计降水量达 82.7 mm(图 2.31)。国家站中最大雨强出现在大名站,13 时最大,达 25.8 mm·h⁻¹(图 2.32)。

【天气形势和对流潜势】500 hPa 西风带呈"两槽(涡)一脊"的环流形势,影响华北、东北地区的低涡中心位于黑龙江省中部,副高偏西偏南,京津冀地区位于低涡后部西北气流中。在对流层低层,京津冀地区中南部位于切变线附近,在对流层高层,位于 200 hPa 高空急流轴中部右侧;同时,中南部具有较好的低层水汽条件(925 hPa 比湿约 16 g·kg⁻¹)和暖平流条件(>6×10⁻⁵K·s⁻¹),并在中部和南部辐合(水汽通量散度<−2×10⁻³ g·(m²·s)⁻¹)(图 2.33)。京津冀地区中南部 K 指数约 35 ℃,假相当位温约 350 K;中部和南部低层辐合较大,与暴雨落区的对应关系较好,与此同时,200 hPa 高空辐散在中部、南部也偏大,7 月 3 日中午中南部地区 CAPE 达到峰值,大值中心约 1750 J·kg⁻¹(图 2.34)。受其影响,7 月 4 日下午到傍晚有对流云团在京津冀地区中南部发展(图 2.35),随着对流云团的增强,京津冀地区中南部局地出现暴雨。

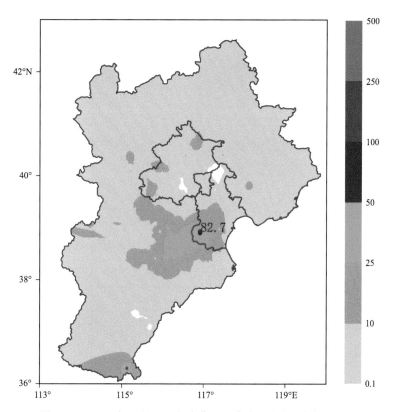

图 2.31 2013 年 7 月 4 日京津冀地区降水量分布(单位:mm)

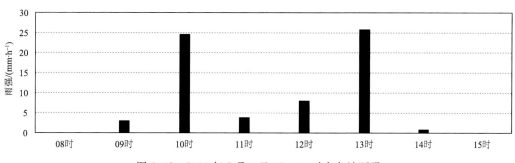

图 2.32 2013 年 7 月 4 日 08—15 时大名站雨强

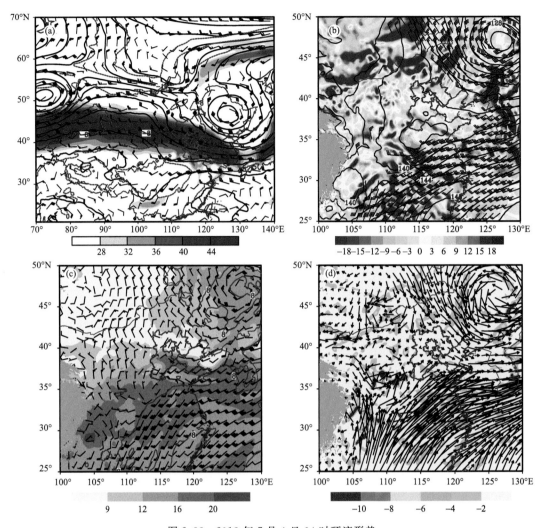

图2.33　2013年7月4日04时环流形势

(a)200 hPa高空急流(填色,水平风速≥28 m·s⁻¹,单位:m·s⁻¹),500 hPa位势高度场(黑色实线,单位:dagpm),500 hPa温度场(红色虚线,单位:℃),500 hPa风场(黑色箭头,单位:m·s⁻¹);(b)850 hPa温度平流(填色,单位:10^{-5} K·s⁻¹),850 hPa水平风速≥8 m·s⁻¹(风标,单位:m·s⁻¹);(c)925 hPa比湿(填色,单位:g·kg⁻¹),925 hPa风场(风标,单位:m·s⁻¹,蓝色实线为风速8 m·s⁻¹);(d)整层水汽通量散度(填色,单位:10^{-3} g·(m²·s)⁻¹),整层水汽通量(黑色箭头,单位:1×10^{3} g·(m·s)⁻¹)

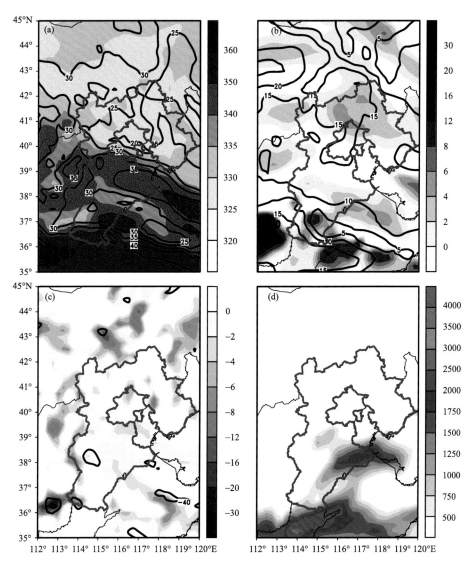

图 2.34　2013 年 7 月 4 日对流潜势

7 月 4 日 05 时(a)K 指数(黑色等值线,单位:℃,间隔:5 ℃)和假相当位温(填色,单位:K);(b)200 hPa 高空辐散场(填色,单位:10^{-5} s^{-1})和 500 hPa、850 hPa 之间垂直风切变(黑色等值线,单位:m·s^{-1},间隔:5 m·s^{-1});(c)850 hPa 高空辐合场(填色,单位:10^{-5} s^{-1})和 850 hPa 垂直速度(黑色等值线,单位:10^{-2} Pa·s^{-1},间隔:40×10^{-2} Pa·s^{-1});7 月 3 日 11 时(d)对流有效位能(填色,单位:J·kg^{-1})

图 2.35　2013 年 7 月 4 日 19 时 00 分 FY-2E 红外云图(单位:K)

2.8　2013 年 7 月 14—15 日京津冀地区中北部和南部暴雨

【降雨实况】2013 年 7 月 14—15 日京津冀地区中北部和南部出现暴雨,14 日、15 日最大日累计降水量分别达 94.1 mm 和 132.9 mm(图 2.36)。国家站中最大雨强出现在遵化站,15日 20 时最大,达 56.8 mm·h^{-1}(图 2.37)。

【天气形势和对流潜势】500 hPa 西风带呈"一槽(涡)两脊"的环流形势,影响我国北方的高空槽从稳定在贝加尔湖的切断低压中伸出并东移,京津冀地区位于槽前西南气流中。前期1307 号台风"苏力"登陆北上,并于 14 日夜间在江西省减弱消亡;受其影响,副高呈南北经向型,中心位于 30°N 附近东海海面,西侧偏南气流强大。在对流层低层,京津冀地区东南部有显著的风速切变,低空急流纵贯京津冀东部,在对流层高层,位于 200 hPa 高空急流轴右侧;同时强大的水汽通道从东海直通京津冀地区,形成良好的低层水汽条件(中部和南部 925 hPa 比湿约 16 g·kg^{-1},北部约 12 g·kg^{-1})和暖平流条件(>12×10^{-5} K·s^{-1}),最强水汽辐合区出现在中部(整层水汽通量散度<-10×10^{-3} g·(m^2·s)$^{-1}$)(图 2.38)。15 日午后京津冀地区K 指数约 35 ℃,中东部、南部假相当位温>350 K;中东部低层辐合较大,与暴雨落区的对应关系较好,与此同时,200 hPa 高空辐散在中东部也偏大,对应在东部暴雨区附近有上升运动的强中心（-80×10^{-2} Pa·s^{-1}），但因 14 日已出现降水，前期没有出现 CAPE 大值区（图 2.39）。7 月 15 日傍晚对流云团在京津冀地区北部发展，且南部有新生对流云团（图 2.40），受其影响，京津冀地区中北部和南部出现暴雨。

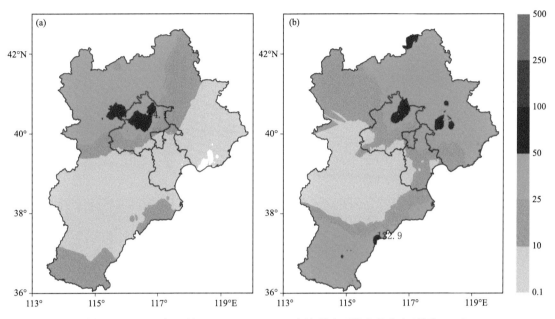

图 2.36　2013 年 7 月 14 日（a）、15 日（b）京津冀地区降水量分布（单位：mm）

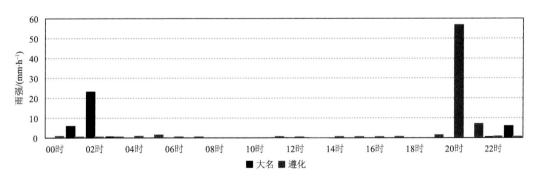

图 2.37　2013 年 7 月 15 日 00—23 时大名站和遵化站雨强

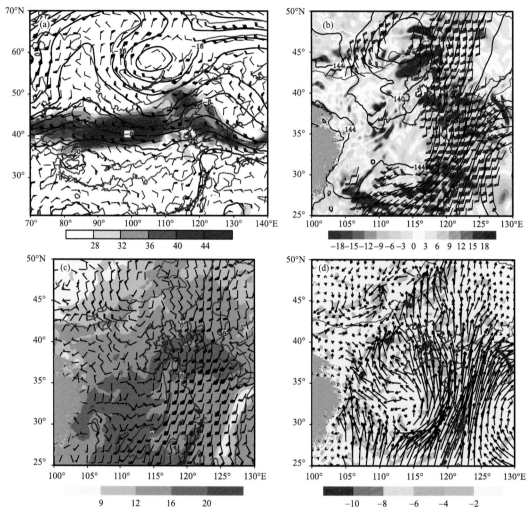

图2.38　2013年7月15日00时环流形势

(a)200 hPa高空急流(填色,水平风速≥28 m·s⁻¹,单位:m·s⁻¹),500 hPa位势高度场(黑色实线,单位:
dagpm),500 hPa温度场(红色虚线,单位:℃),500 hPa风场(黑色箭头,单位:m·s⁻¹);(b)850 hPa温度平
流(填色,单位:10⁻⁵ K·s⁻¹),850 hPa水平风速≥8 m·s⁻¹(风标,单位:m·s⁻¹);(c)925 hPa比湿(填色,
单位:g·kg⁻¹),925 hPa风场(风标,单位:m·s⁻¹,蓝色实线为风速8 m·s⁻¹);(d)整层水汽通量散度(填
色,单位:10⁻³ g·(m²·s)⁻¹),整层水汽通量(黑色箭头,单位:1×10³ g·(m·s)⁻¹)

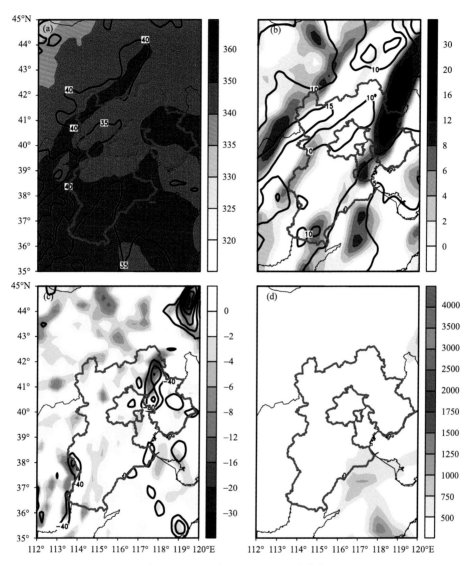

图 2.39　2013 年 7 月 15 日对流潜势

15 日 15 时(a)K 指数(黑色等值线,单位:℃,间隔:5 ℃)和假相当位温(填色,单位:K);(b)200 hPa 高空辐散场(填色,单位:10^{-5} s^{-1})和 500 hPa、850 hPa 之间垂直风切变(黑色等值线,单位:m·s^{-1},间隔:5 m·s^{-1});(c)850 hPa 高空辐合场(填色,单位:10^{-5} s^{-1})和 850 hPa 垂直速度(黑色等值线,单位:10^{-2} Pa·s^{-1},间隔:40×10^{-2} Pa·s^{-1});14 日 21 时(d)对流有效位能(填色,单位:J·kg^{-1})

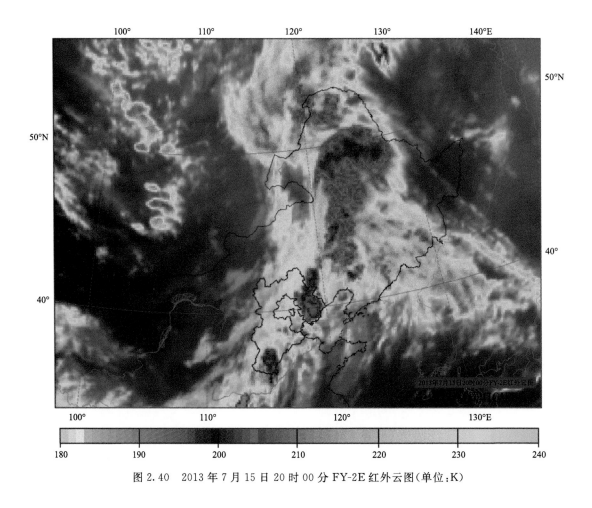

图 2.40 2013 年 7 月 15 日 20 时 00 分 FY-2E 红外云图(单位:K)

2.9 2013 年 7 月 31 日京津冀地区中部局地暴雨

【降雨实况】2013 年 7 月 31 日京津冀地区中部出现局地暴雨,单站最大日累计降水量达 99.4 mm(图 2.41)。国家站中最大雨强出现在涿州站,21 时最大,达 76.3 mm·h^{-1}(图 2.42)。

【天气形势和对流潜势】500 hPa 西风带呈"一槽(涡)一脊"的环流形势,从乌拉尔山以东至贝加尔湖南部为宽广的低压带,影响我国北方的高空槽东移,副高偏强偏西,呈纬向型分布,京津冀地区位于槽前西南气流中。在对流层低层,京津冀地区中部有显著的风速切变,在对流层高层,位于 200 hPa 高空急流轴右侧;同时中部和南部具有较好的水汽条件(925 hPa 比湿 >16 g·kg^{-1})和暖平流条件(>12×10^{-5} K·s^{-1})(图 2.43)。31 日午后京津冀地区中部 K 指数>35 ℃,假相当位温>350 K;中部和北部低层辐合较大,与暴雨落区的对应关系较好,与此同时,200 hPa 高空辐散在中部和北部也偏大,对应在中部暴雨区附近有上升运动的强中心 (−40×10^{-2} Pa·s^{-1}),30 日后半夜,CAPE 累计达到峰值,中心强度约 3000 J·kg^{-1}(图 2.44)。7 月 31 日 20 时云图上可看到,低涡影响的逗点云系,对流云团位置与 CAPE 大值区对应较好,对流云团位于京津冀地区中部,受其影响,京津冀地区中部局地出现暴雨(图 2.45)。

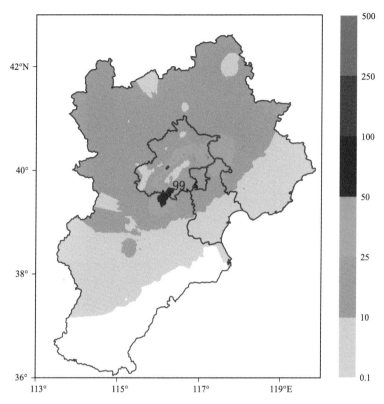

图 2.41　2013 年 7 月 31 日京津冀地区降水量分布(单位:mm)

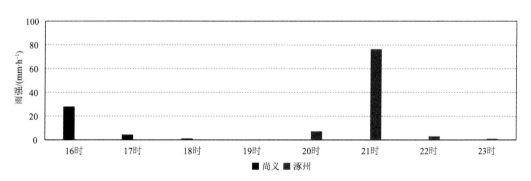

图 2.42　2013 年 7 月 31 日 16—23 时尚义站和涿州站雨强

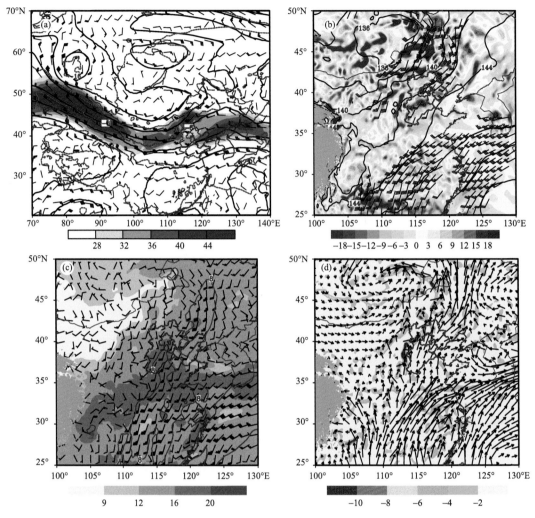

图 2.43　2013 年 7 月 31 日 17 时环流形势

(a)200 hPa 高空急流(填色,水平风速≥28 m・s⁻¹,单位:m・s⁻¹),500 hPa 位势高度场(黑色实线,单位:
dagpm),500 hPa 温度场(红色虚线,单位:℃),500 hPa 风场(黑色箭头,单位:m・s⁻¹);(b)850 hPa 温度平
流(填色,单位:10^{-5} K・s⁻¹),850 hPa 水平风速≥8 m・s⁻¹(风标,单位:m・s⁻¹);(c)925 hPa 比湿(填色,
单位:g・kg⁻¹),925 hPa 风场(风标,单位:m・s⁻¹,蓝色实线为风速 8 m・s⁻¹);(d)整层水汽通量散度(填
色,单位:10^{-3} g・(m²・s)⁻¹),整层水汽通量(黑色箭头,单位:1×10^3 g・(m・s)⁻¹)

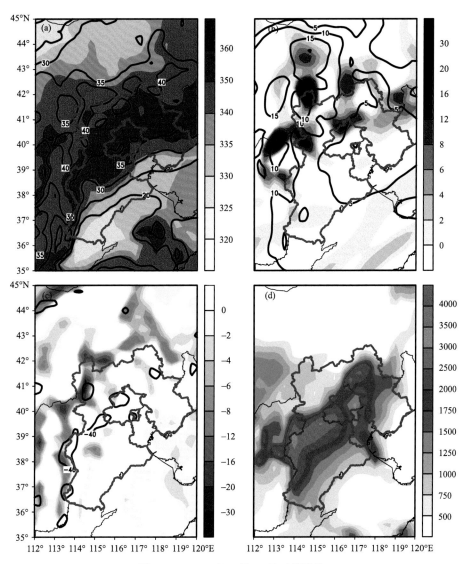

图 2.44 2013 年 7 月 31 日对流潜势

31 日 16 时(a)K 指数(黑色等值线,单位:℃,间隔:5 ℃)和假相当位温(填色,单位:K);(b)200 hPa 高空辐散场(填色,单位:10^{-5} s^{-1})和 500 hPa、850 hPa 之间垂直风切变(黑色等值线,单位:m·s^{-1},间隔:5 m·s^{-1});(c)850 hPa 高空辐合场(填色,单位:10^{-5} s^{-1})和 850 hPa 垂直速度(黑色等值线,单位:10^{-2} Pa·s^{-1},间隔:40×10^{-2} Pa·s^{-1});30 日 22 时(d)对流有效位能(填色,单位:J·kg^{-1})

图 2.45　2013 年 7 月 31 日 20 时 00 分 FY-2E 红外云图（单位：K）

2.10　2013 年 8 月 1 日京津冀地区东部局地暴雨

【降雨实况】2013 年 8 月 1 日京津冀地区东部出现局地暴雨,单站最大日累计降水量达 213.6 mm(图 2.46)。国家站中最大雨强出现在卢龙站,16—17 时连续出现>70 mm·h^{-1}雨强,16 时最大,达 103.5 mm·h^{-1}(图 2.47)。

【天气形势和对流潜势】500 hPa 西风带呈"一槽(涡)一脊"的环流形势,从乌拉尔山以东至贝加尔湖南部为宽广的低压带,影响我国北方的高空槽东移,并受到东北地区高压脊阻挡,副高偏强偏西,使得北侧高压脊稳定,京津冀地区位于槽前西南气流中。在对流层低层,京津冀地区东部有显著的风速切变,在对流层高层,位于 200 hPa 高空急流入口区右侧;同时东部和南部具有较好的水汽条件(925 hPa 比湿>16 g·kg^{-1})和暖平流条件(>9×10^{-5} K·s^{-1})(图 2.48)。京津冀地区东部 K 指数约 30 ℃,假相当位温约 340 K;东部高层辐散较大,与暴雨落区的对应关系较好,但低层辐合大值区主要集中在南部,对应在南部雨区附近有上升运动的强中心(−80×10^{-2} Pa·s^{-1}),31 日午后,东部暴雨区 CAPE 累计达到峰值,中心强度约 2500 J·kg^{-1}(图 2.49)。8 月 1 日 16 时云图上可看到,高空槽云系在京津冀地区东部局地显著加强,此处处于 CAPE 大值区附近,受其影响,京津冀地区东部局地出现暴雨(图 2.50)。

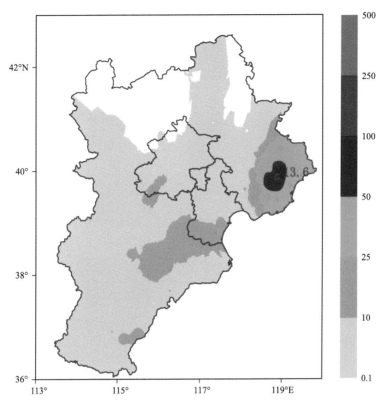

图 2.46　2013 年 8 月 1 日京津冀地区降水量分布（单位：mm）

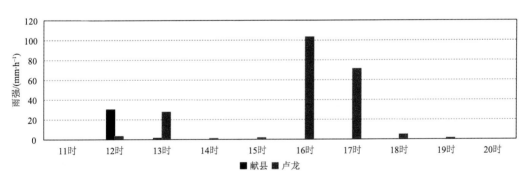

图 2.47　2013 年 8 月 1 日 11—20 时献县站和卢龙站雨强

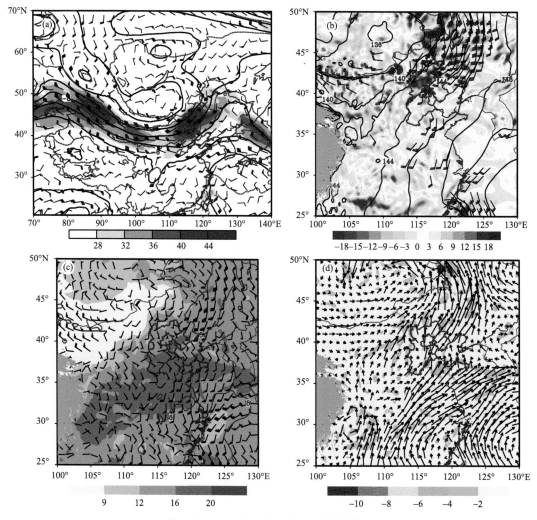

图 2.48　2013 年 8 月 1 日 12 时环流形势

(a)200 hPa 高空急流(填色,水平风速≥28 m·s⁻¹,单位:m·s⁻¹),500 hPa 位势高度场(黑色实线,单位: dagpm),500 hPa 温度场(红色虚线,单位:℃),500 hPa 风场(黑色箭头,单位:m·s⁻¹);(b)850 hPa 温度平 流(填色,单位:10⁻⁵ K·s⁻¹),850 hPa 水平风速≥8 m·s⁻¹(风标,单位:m·s⁻¹);(c)925 hPa 比湿(填色, 单位:g·kg⁻¹),925 hPa 风场(风标,单位:m·s⁻¹,蓝色实线为风速 8 m·s⁻¹);(d)整层水汽通量散度(填 色,单位:10⁻³ g·(m²·s)⁻¹),整层水汽通量(黑色箭头,单位:1×10³ g·(m·s)⁻¹)

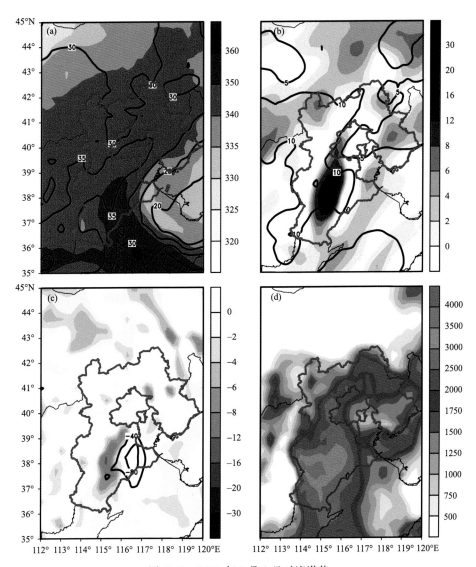

图 2.49　2013 年 8 月 1 日对流潜势

8 月 1 日 09 时(a)K 指数(黑色等值线,单位:℃,间隔:5 ℃)和假相当位温(填色,单位:K);(b)200 hPa 高空辐散场(填色,单位:10^{-5} s^{-1})和 500 hPa、850 hPa 之间垂直风切变(黑色等值线,单位:m·s^{-1},间隔:5 m·s^{-1});(c)850 hPa 高空辐合场(填色,单位:10^{-5} s^{-1})和 850 hPa 垂直速度(黑色等值线,单位:10^{-2} Pa·s^{-1},间隔:$40×10^{-2}$ Pa·s^{-1});7 月 31 日 15 时(d)对流有效位能(填色,单位:J·kg^{-1})

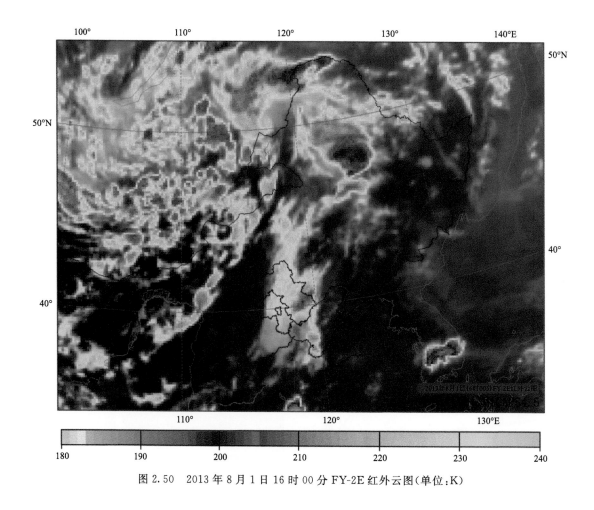

图 2.50 2013 年 8 月 1 日 16 时 00 分 FY-2E 红外云图(单位:K)

2.11 2014 年 6 月 22 日京津冀地区东部局地暴雨

【降雨实况】2014 年 6 月 22 日京津冀地区东部出现局地暴雨,单站最大日累计降水量达 74.0 mm(图 2.51)。国家站中最大雨强出现在昌黎站,12 时最大,达 55.3 mm·h⁻¹(图 2.52)。

【天气形势和对流潜势】500 hPa 西风带呈"两槽(涡)一脊"的环流形势,影响我国北方的低涡中心位于华北北部,副高位于海上,主体偏西,京津冀地区东部处在低涡中。在对流层低层,京津冀地区东部没有显著的切变和辐合区,在对流层高层,位于 200 hPa 高空急流轴左侧;京津冀地区大部水汽条件较好(925 hPa 比湿>12 g·kg⁻¹),东部有暖平流条件(>6×10⁻⁵ K·s⁻¹)(图 2.53)。京津冀地区东部 K 指数约 30 ℃,假相当位温约 325 K;低层辐合、高层辐散区与暴雨落区的对应关系较好,且暴雨区附近有上升运动的强中心(−40×10⁻² Pa·s⁻¹),但 CAPE 累计不明显(图 2.54)。受到低涡后部的冷空气影响,6 月 22 日下午红外云图上京津冀地区东部有分散的对流云团(图 2.55),受其影响,京津冀地区东部局地产生暴雨。

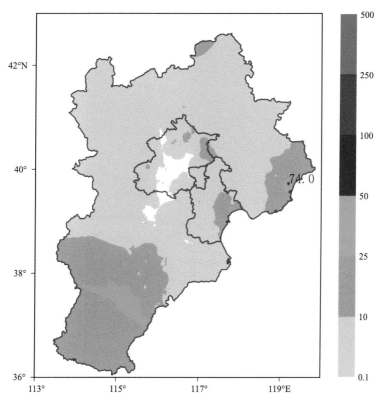

图 2.51　2014 年 6 月 22 日京津冀地区降水量分布(单位:mm)

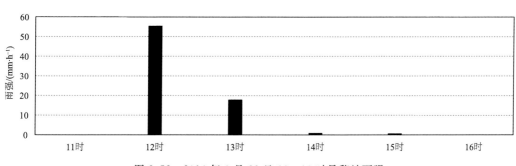

图 2.52　2014 年 6 月 22 日 11—16 时昌黎站雨强

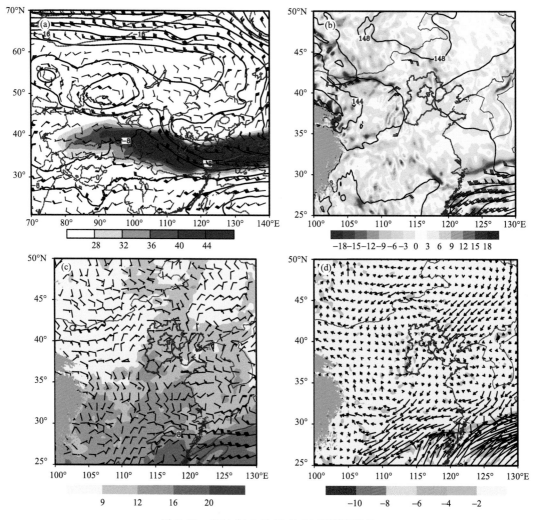

图 2.53　2014 年 6 月 22 日 12 时环流形势

(a)200 hPa 高空急流(填色,水平风速≥28 m·s⁻¹,单位:m·s⁻¹),500 hPa 位势高度场(黑色实线,单位:dagpm),500 hPa 温度场(红色虚线,单位:℃),500 hPa 风场(黑色箭头,单位:m·s⁻¹);(b)850 hPa 温度平流(填色,单位:10⁻⁵ K·s⁻¹),850 hPa 水平风速≥8 m·s⁻¹(风标,单位:m·s⁻¹);(c)925 hPa 比湿(填色,单位:g·kg⁻¹),925 hPa 风场(风标,单位:m·s⁻¹,蓝色实线为风速 8 m·s⁻¹);(d)整层水汽通量散度(填色,单位:10⁻³ g·(m²·s)⁻¹),整层水汽通量(黑色箭头,单位:1×10³ g·(m·s)⁻¹)

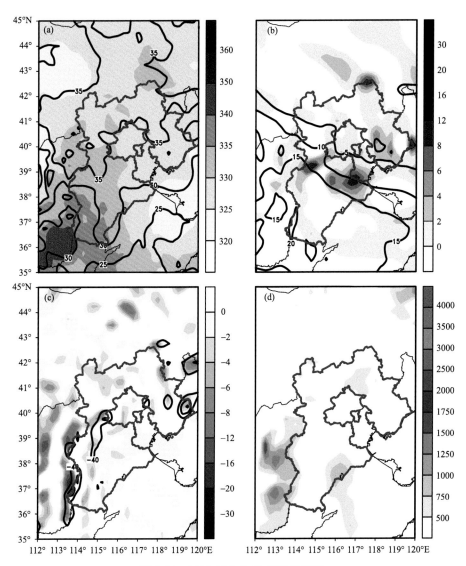

图 2.54　2014 年 6 月 22 日对流潜势

22 日 12 时 (a)K 指数(黑色等值线,单位:℃,间隔:5 ℃)和假相当位温(填色,单位:K);(b)200 hPa 高空辐散场(填色,单位:10^{-5} s^{-1})和 500 hPa、850 hPa 之间垂直风切变(黑色等值线,单位:m·s^{-1},间隔:5 m·s^{-1});(c)850 hPa 高空辐合场(填色,单位:10^{-5} s^{-1})和 850 hPa 垂直速度(黑色等值线,单位:10^{-2} Pa·s^{-1},间隔:40×10^{-2} Pa·s^{-1});21 日 18 时 (d)对流有效位能(填色,单位:J·kg^{-1})

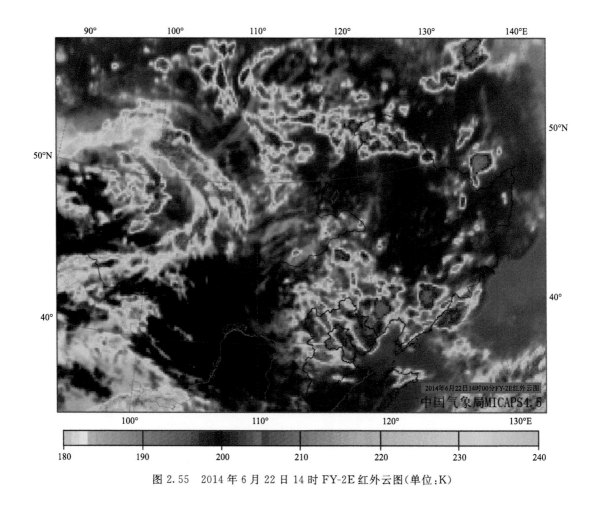

图 2.55　2014 年 6 月 22 日 14 时 FY-2E 红外云图（单位：K）

2.12　2014 年 7 月 16 日京津冀地区中东部局地暴雨

【降雨实况】2014 年 7 月 16 日京津冀地区中东部出现局地暴雨，单站最大日累计降水量达 102.0 mm（图 2.56）。国家站中最大雨强出现在汉沽站，14—15 时连续出现大于 35 mm·h^{-1} 的雨强，15 时最大，达 53.8 mm·h^{-1}，夜间顺平站 23 时至次日 00 时也连续出现大于 35 mm·h^{-1} 的雨强（图 2.57）。

【天气形势和对流潜势】500 hPa 西风带呈"两槽（涡）一脊"的环流形势，影响我国北方的低涡中心位于内蒙古自治区东部，副高主体位于 30°N 附近海上，呈纬向西伸，京津冀地区东部处在低涡底部偏西气流中。在对流层低层，京津冀地区中东部有显著风速切变，在对流层高层，位于 200 hPa 高空急流入口区左侧；同时，京津冀地区中东部水汽条件（925 hPa 比湿＞16 g·kg^{-1}）和暖平流条件较好（＞16×10^{-5} K·s^{-1}）（图 2.58）。京津冀地区中东部 K 指数约 35 ℃，假相当位温约 350 K；低层辐合、高层辐散区与暴雨落区的对应关系较好，且暴雨区附近有上升运动的强中心（−120×10^{-2} Pa·s^{-1}），大部分地区 CAPE 达 1000 J·kg^{-1} 以上，中部 850～500 hPa 垂直风切变约 10 m·s^{-1}，约为中等强度（图 2.59）。受到高空辐散，低层暖湿气流的影响，对流云团在京津冀地区中部发展（图 2.60），受其影响，京津冀地区中部局地出现暴雨。

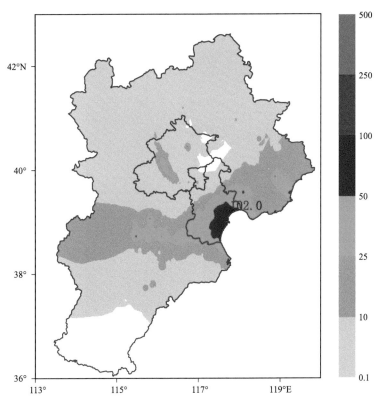

图 2.56　2014 年 7 月 16 日京津冀地区降水量分布(单位:mm)

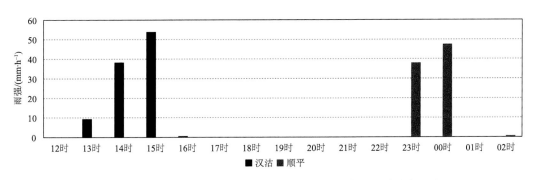

图 2.57　2014 年 7 月 16 日 12 时—17 日 02 时汉沽站和顺平站雨强

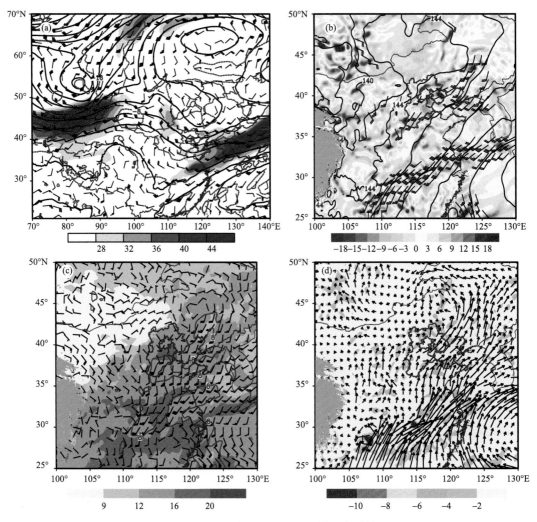

图 2.58　2014 年 7 月 16 日 12 时环流形势

(a)200 hPa 高空急流(填色,水平风速≥28 m·s⁻¹,单位:m·s⁻¹),500 hPa 位势高度场(黑色实线,单位:
dagpm),500 hPa 温度场(红色虚线,单位:℃),500 hPa 风场(黑色箭头,单位:m·s⁻¹);(b)850 hPa 温度平
流(填色,单位:10⁻⁵ K·s⁻¹),850 hPa 水平风速≥8 m·s⁻¹(风标,单位:m·s⁻¹);(c)925 hPa 比湿(填色,
单位:g·kg⁻¹),925 hPa 风场(风标,单位:m·s⁻¹,蓝色实线为风速 8 m·s⁻¹);(d)整层水汽通量散度(填
色,单位:10⁻³ g·(m²·s)⁻¹),整层水汽通量(黑色箭头,单位:1×10³ g·(m·s)⁻¹)

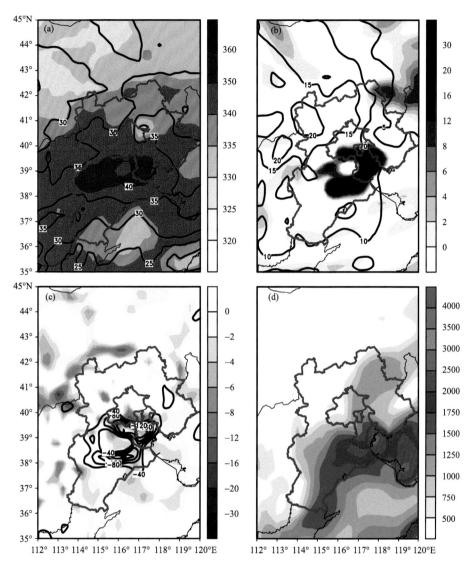

图 2.59　2014 年 7 月 16 日对流潜势

16 日 21 时(a)K 指数(黑色等值线,单位:℃,间隔:5 ℃)和假相当位温(填色,单位:K);(b)200 hPa 高空辐散场(填色,单位:10^{-5} s^{-1})和 500 hPa、850 hPa 之间垂直风切变(黑色等值线,单位:m·s^{-1},间隔:5 m·s^{-1});(c)850 hPa 高空辐合场(填色,单位:10^{-5} s^{-1})和 850 hPa 垂直速度(黑色等值线,单位:10^{-2} Pa·s^{-1},间隔:40×10^{-2} Pa·s^{-1});16 日 03 时(d)对流有效位能(填色,单位:J·kg^{-1})

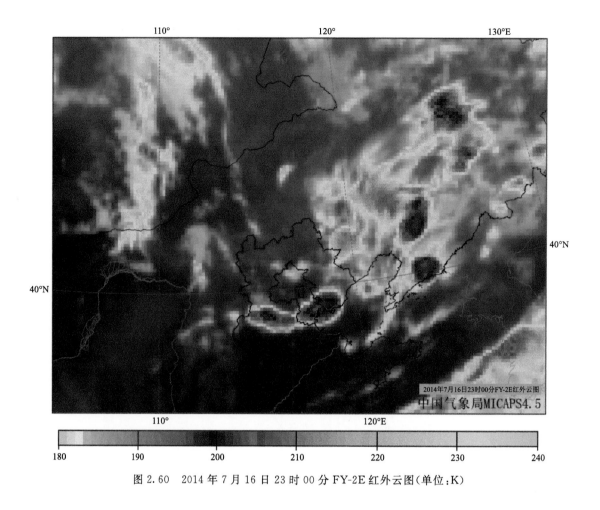

图 2.60　2014 年 7 月 16 日 23 时 00 分 FY-2E 红外云图(单位:K)

2.13　2014 年 8 月 4 日京津冀地区中东部、南部局地暴雨

【降雨实况】2014 年 8 月 4 日京津冀地区中东部和南部出现局地暴雨,单站最大日累计降水量达 86.7mm(图 2.61)。国家站中最大雨强出现在丰南站,07—10 时连续出现大于 20 mm·h⁻¹ 的雨强,10 时最大,达 35.4 mm·h⁻¹,宝坻站 04 时也出现大于 35 mm·h⁻¹ 的雨强(图 2.62)。

【天气形势和对流潜势】500 hPa 西风带呈"一槽一脊"的环流形势,1412 号台风"娜基莉"位于朝鲜半岛附近,影响京津冀地区的高空系统为贝加尔湖横槽分裂出来沿西风带东移的浅槽,副高偏弱,南落至 20°N 以南。在对流层低层,京津冀地区南部处在切变附近,在对流层高层,位于 200 hPa 高空急流轴右侧;同时,京津冀地区南部水汽条件(925 hPa 比湿>16 g·kg⁻¹)和暖平流条件较好(>3×10⁻⁵ K·s⁻¹),中部水汽辐合强烈(图 2.63)。京津冀中东部 K 指数约 35 ℃,假相当位温 350 K;低层辐合、高层辐散区与暴雨落区的对应关系较好,且暴雨区附近有上升运动的强中心(−180×10⁻² Pa·s⁻¹),中部地区 CAPE 达 500 J·kg⁻¹ 以上,主雨区 850～500 hPa 垂直风切变约 10 m·s⁻¹,为中等强度(图 2.64)。8 月 4 日 05 时对流云团主体位于京津冀地区东部,受到高低空的动力作用影响,对流云团发展,京津冀地区东部局地出现暴雨(图 2.65)。

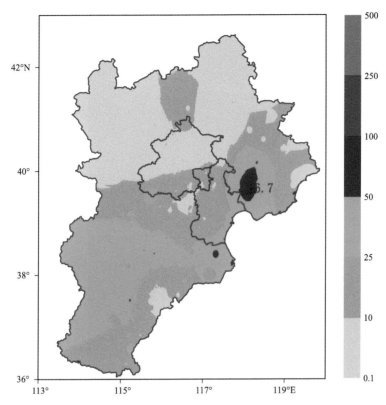

图 2.61　2014 年 8 月 4 日京津冀地区降水量分布（单位：mm）

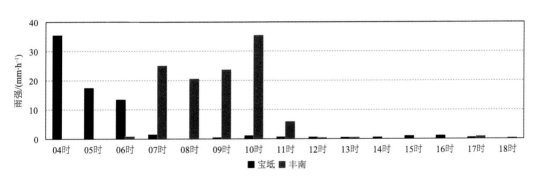

图 2.62　2014 年 8 月 4 日 04—18 时宝坻站和丰南站雨强

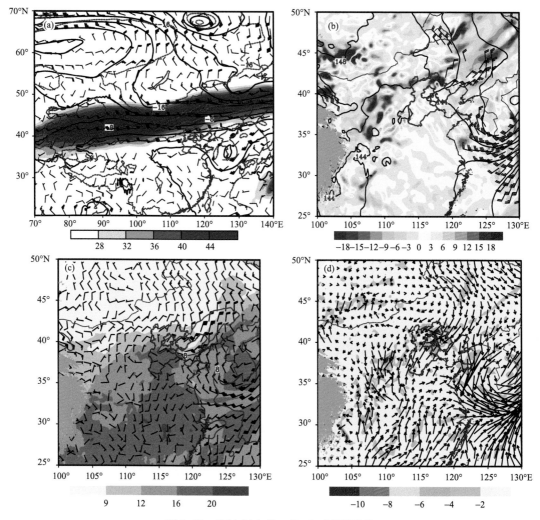

图 2.63　2014 年 8 月 4 日 05 时环流形势

(a)200 hPa 高空急流(填色,水平风速≥28 m·s⁻¹,单位:m·s⁻¹),500 hPa 位势高度场(黑色实线,单位: dagpm),500 hPa 温度场(红色虚线,单位:℃),500 hPa 风场(黑色箭头,单位:m·s⁻¹);(b)850 hPa 温度平流(填色,单位:10⁻⁵ K·s⁻¹),850 hPa 水平风速≥8 m·s⁻¹(风标,单位:m·s⁻¹);(c)925 hPa 比湿(填色,单位:g·kg⁻¹),925 hPa 风场(风标,单位:m·s⁻¹,蓝色实线为风速 8 m·s⁻¹);(d)整层水汽通量散度(填色,单位:10⁻³ g·(m²·s)⁻¹),整层水汽通量(黑色箭头,单位:1×10³ g·(m·s)⁻¹)

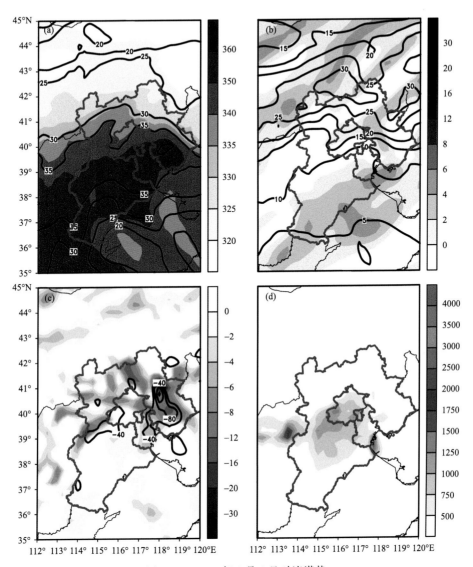

图 2.64 2014 年 8 月 4 日对流潜势

4 日 07 时(a)K 指数(黑色等值线,单位:℃,间隔:5 ℃)和假相当位温(填色,单位:K);(b)200 hPa 高空辐散场(填色,单位:10^{-5} s^{-1})和 500 hPa、850 hPa 之间垂直风切变(黑色等值线,单位:m·s^{-1},间隔:5 m·s^{-1});(c)850 hPa 高空辐合场(填色,单位:10^{-5} s^{-1})和 850 hPa 垂直速度(黑色等值线,单位:10^{-2} Pa·s^{-1},间隔:40×10^{-2} Pa·s^{-1});3 日 13 时(d)对流有效位能(填色,单位:J·kg^{-1})

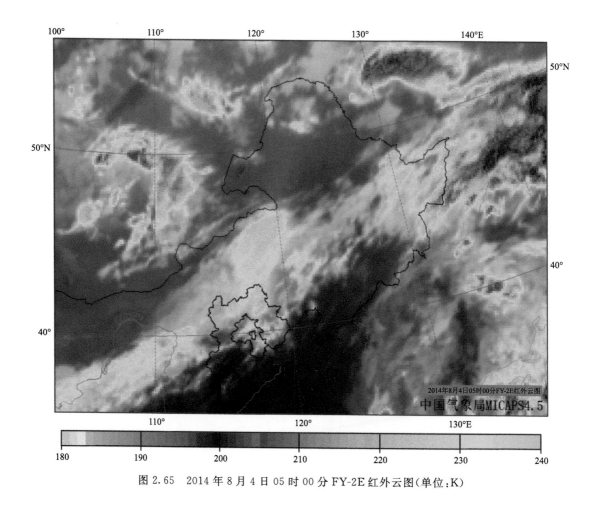

图 2.65 2014 年 8 月 4 日 05 时 00 分 FY-2E 红外云图(单位:K)

2.14 2014 年 8 月 16 日京津冀地区中南部和东部局地暴雨

【降雨实况】2014 年 8 月 16 日京津冀地区中南部和东部出现局地暴雨,单站最大日累计降水量达 91.1 mm(图 2.66)。国家站中最大雨强出现在肃宁站,21 时最大,达 73.7 mm · h^{-1} (图 2.67)。

【天气形势和对流潜势】500 hPa 西风带呈"三槽(涡)一脊"的环流形势,影响京津冀地区的低涡中心位于黑龙江省中部,在 110°E 附近有一浅槽沿西风带东移,副高呈纬向型分布,主体偏南,京津冀地区东部和南部处于低涡后部西北气流和浅槽前西南气流交汇区。在对流层低层,京津冀地区东部和南部有显著的风速辐合,在对流层高层,位于 200 hPa 高空急流入口区左侧;同时,京津冀地区南部和东部水汽条件(925 hPa 比湿>12 g · kg^{-1})和暖平流条件较好(>6×10^{-5} K · s^{-1})(图 2.68)。京津冀地区东部、南部暴雨区 K 指数约 30 ℃,假相当位温约 340 K;低层辐合、高层辐散区与暴雨落区的对应关系较好,且暴雨区附近有上升运动的强中心(−140×10^{-2} Pa · s^{-1}),CAPE 达 750 J · kg^{-1} 以上(图 2.69)。受到冷涡底部的冷空气和京津冀地区低层高温高湿的影响,对流云团在京津冀地区东部发展成熟(图 2.70),京津冀地区东部局地出现暴雨。

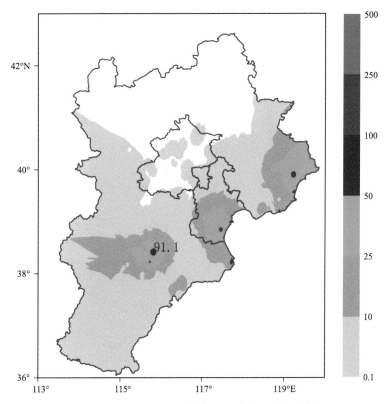

图 2.66　2014 年 8 月 16 日京津冀地区降水量分布(单位:mm)

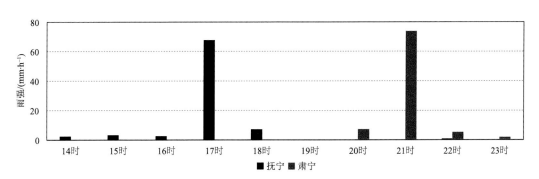

图 2.67　2014 年 8 月 16 日 14—23 时抚宁站和肃宁站雨强

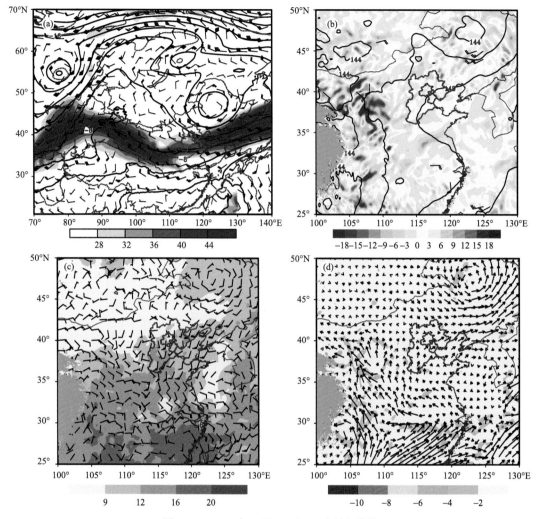

图 2.68　2014 年 8 月 16 日 11 时环流形势

(a)200 hPa 高空急流(填色,水平风速≥28 m·s^{-1},单位:m·s^{-1}),500 hPa 位势高度场(黑色实线,单位: dagpm),500 hPa 温度场(红色虚线,单位:℃),500 hPa 风场(黑色箭头,单位:m·s^{-1});(b)850 hPa 温度平流(填色,单位:10^{-5} K·s^{-1}),850 hPa 水平风速≥8 m·s^{-1}(风标,单位:m·s^{-1});(c)925 hPa 比湿(填色,单位:g·kg^{-1}),925 hPa 风场(风标,单位:m·s^{-1},蓝色实线为风速 8 m·s^{-1});(d)整层水汽通量散度(填色,单位:10^{-3} g·(m^2·s)$^{-1}$),整层水汽通量(黑色箭头,单位:1×10^3 g·(m·s)$^{-1}$)

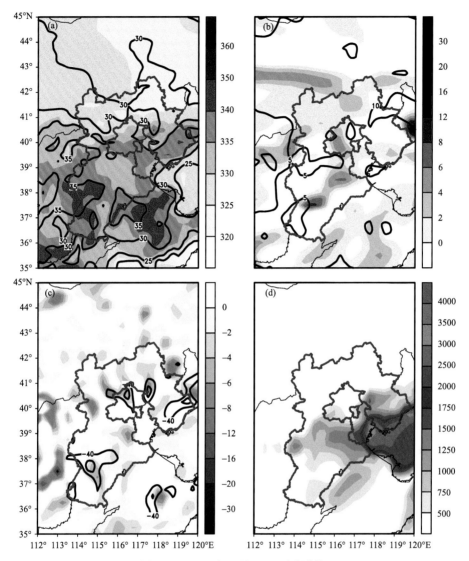

图 2.69　2014 年 8 月 16 日对流潜势

16 日 16 时(a)K 指数(黑色等值线,单位:℃,间隔:5 ℃)和假相当位温(填色,单位:K);(b)200 hPa 高空辐散
场(填色,单位:10^{-5} s^{-1})和 500 hPa、850 hPa 之间垂直风切变(黑色等值线,单位:m·s^{-1},间隔:5 m·s^{-1});
(c)850 hPa 高空辐合场(填色,单位:10^{-5} s^{-1})和 850 hPa 垂直速度(黑色等值线,单位:10^{-2} Pa·s^{-1},间
隔:$40×10^{-2}$ Pa·s^{-1});15 日 22 时(d)对流有效位能(填色,单位:J·kg^{-1})

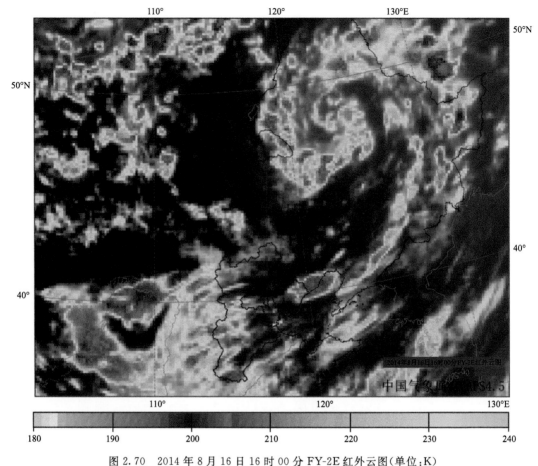

图 2.70 2014 年 8 月 16 日 16 时 00 分 FY-2E 红外云图(单位:K)

2.15 2014 年 9 月 1 日京津冀地区中部局地暴雨

【降雨实况】2014 年 9 月 1 日京津冀地区中部出现局地暴雨,单站最大日累计降水量达 118.6 mm(图 2.71)。国家站中最大雨强出现在顺义站,20—21 时连续出现大于 20 mm · h^{-1} 的雨强,20 时最大,达 36.9 mm · h^{-1}(图 2.72)。

【天气形势和对流潜势】500 hPa 西风带呈"一槽一脊"的环流形势,西风带斜压槽脊东移 影响北方地区,副高偏弱,南落至 25°N 以南,京津冀地区处于槽前西南气流中。在对流层低 层,京津冀地区中部处在切变线附近,在对流层高层,位于 200 hPa 高空急流出口区左侧;同 时,京津冀地区中部和南部水汽条件(925 hPa 比湿>16 g · kg^{-1})较好,并有弱的暖平流 (图 2.73)。京津冀地区中部 K 指数约 30 ℃,假相当位温约 330 K;低层辐合区、高层辐散区 与暴雨落区的对应关系较好,东部暴雨区附近有上升运动的强中心($-40×10^{-2}$ Pa · s^{-1}),前 一日午夜中东部地区 CAPE 达 500 J · kg^{-1} 以上(图 2.74)。受涡前西南暖湿气流影响,高低 空动力条件较好,对流云团逐渐发展(图 2.75),京津冀地区中部出现暴雨。

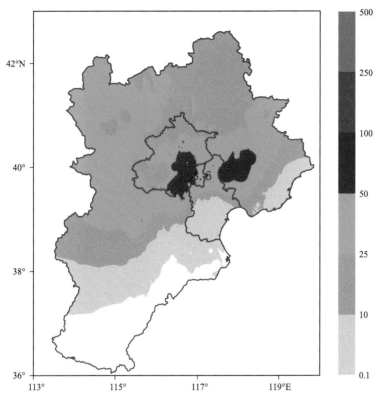

图 2.71　2014 年 9 月 1 日京津冀地区降水量分布(单位:mm)

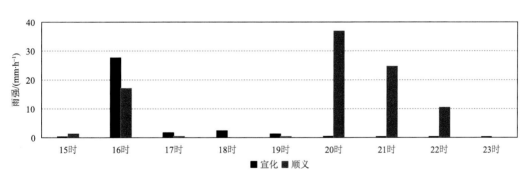

图 2.72　2014 年 9 月 1 日 15—23 时宣化站和顺义站雨强

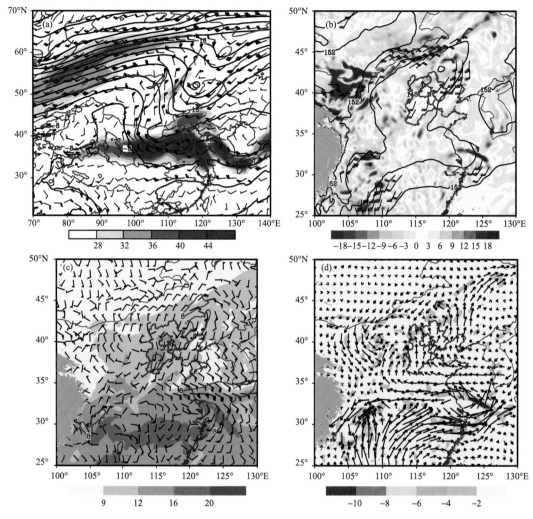

图 2.73　2014 年 9 月 1 日 15 时环流形势

(a)200 hPa 高空急流(填色,水平风速≥28 m·s^{-1},单位:m·s^{-1}),500 hPa 位势高度场(黑色实线,单位:dagpm),500 hPa 温度场(红色虚线,单位:℃),500 hPa 风场(黑色箭头,单位:m·s^{-1});(b)850 hPa 温度平流(填色,单位:10^{-5} K·s^{-1}),850 hPa 水平风速≥8 m·s^{-1}(风标,单位:m·s^{-1});(c)925 hPa 比湿(填色,单位:g·kg^{-1}),925 hPa 风场(风标,单位:m·s^{-1},蓝色实线为风速 8 m·s^{-1});(d)整层水汽通量散度(填色,单位:10^{-3} g·(m^2·s)$^{-1}$),整层水汽通量(黑色箭头,单位:1×10^3 g·(m·s)$^{-1}$)

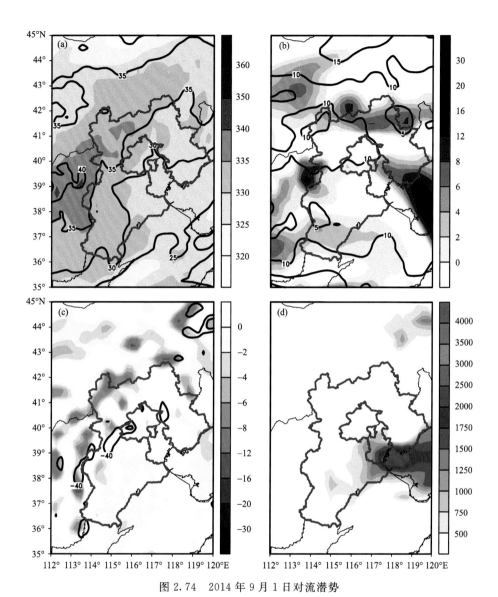

图 2.74　2014 年 9 月 1 日对流潜势

9 月 1 日 13 时(a)K 指数(黑色等值线,单位:℃,间隔:5 ℃)和假相当位温(填色,单位:K);(b)200 hPa 高空辐散场(填色,单位:10^{-5} s^{-1})和 500 hPa、850 hPa 之间垂直风切变(黑色等值线,单位:m·s^{-1},间隔:5 m·s^{-1});(c)850 hPa 高空辐合场(填色,单位:10^{-5} s^{-1})和 850 hPa 垂直速度(黑色等值线,单位:10^{-2} Pa·s^{-1},间隔:40×10^{-2} Pa·s^{-1});8 月 31 日 19 时(d)对流有效位能(填色,单位:J·kg^{-1})

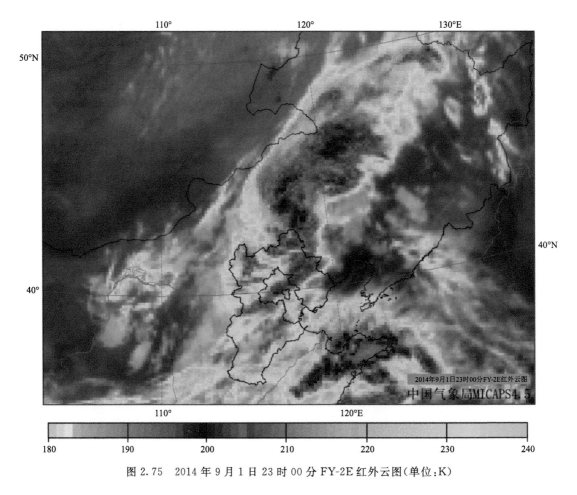

图 2.75　2014 年 9 月 1 日 23 时 00 分 FY-2E 红外云图(单位:K)

2.16　2015 年 6 月 10 日京津冀地区东部局地暴雨

【降雨实况】2015 年 6 月 10 日京津冀地区东部出现局地暴雨,单站最大日累计降水量达 92.6 mm(图 2.76)。国家站中最大雨强出现在滦县站,23 时最大,达 57.1 mm·h^{-1}(图 2.77)。

【天气形势和对流潜势】500 hPa 西风带呈"一槽(涡)两脊"的环流形势,影响中国东部地区的低涡中心位于蒙古国东部,京津冀地区处于低涡东南部西南气流中。在对流层低层,京津冀地区东部处在气旋性环流中心,在对流层高层,位于 200 hPa 高空急流轴左侧;同时,京津冀地区东部有显著的水汽辐合,水汽条件(925 hPa 比湿>16 g·kg^{-1})和暖平流条件(>15×10^{-5} K·s^{-1})较好(图 2.78)。京津冀地区东部 K 指数约 35 ℃,假相当位温约 335 K;低层辐合区、高层辐散区与暴雨落区的对应关系较好,东部暴雨区附近有上升运动的强中心(−40×10^{-2} Pa·s^{-1}),但过程前期 CAPE 不高(图 2.79)。受到涡前暖湿气流的影响,水汽条件较好,位于京津冀地区东部的对流云团发展成熟(图 2.80),产生暴雨天气。

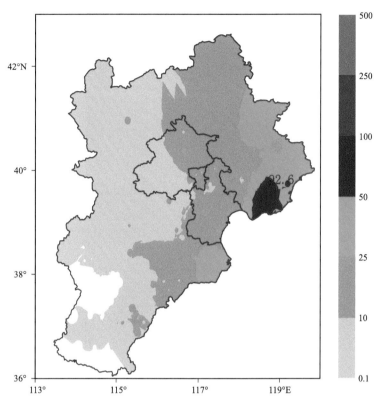

图 2.76 2015 年 6 月 10 日京津冀地区降水量分布(单位:mm)

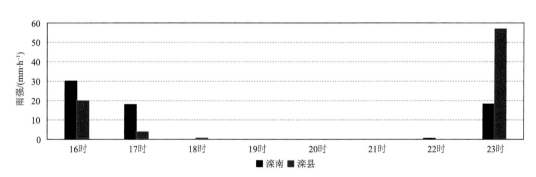

图 2.77 2015 年 6 月 10 日 16—23 时滦南站和滦县站雨强

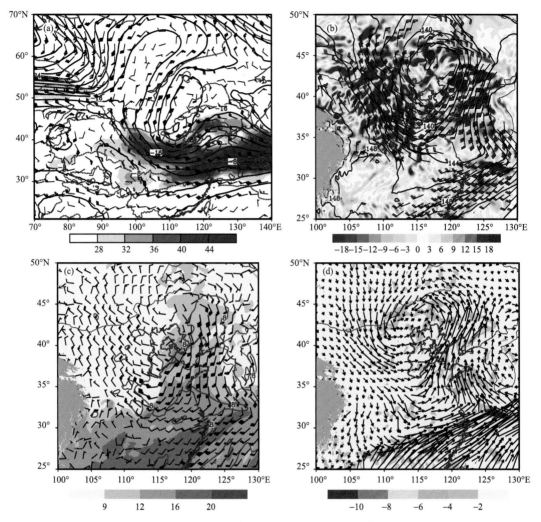

图 2.78　2015 年 6 月 10 日 13 时环流形势

(a)200 hPa 高空急流(填色,水平风速≥28 m・s^{-1},单位:m・s^{-1}),500 hPa 位势高度场(黑色实线,单位:
dagpm),500 hPa 温度场(红色虚线,单位:℃),500 hPa 风场(黑色箭头,单位:m・s^{-1});(b)850 hPa 温度平
流(填色,单位:10^{-5} K・s^{-1}),850 hPa 水平风速≥8 m・s^{-1}(风标,单位:m・s^{-1});(c)925 hPa 比湿(填色,
单位:g・kg^{-1}),925 hPa 风场(风标,单位:m・s^{-1},蓝色实线为风速 8 m・s^{-1});(d)整层水汽通量散度(填
色,单位:10^{-3} g・(m^2・s)$^{-1}$),整层水汽通量(黑色箭头,单位:1×10^3 g・(m・s)$^{-1}$)

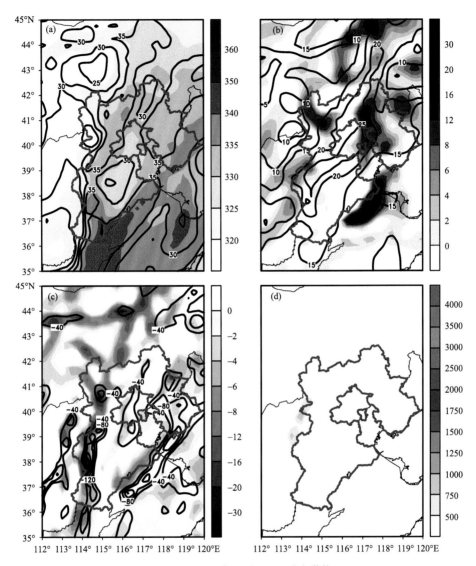

图 2.79　2015 年 6 月 10 日对流潜势

10 日 14 时(a)K 指数(黑色等值线,单位:℃,间隔:5 ℃)和假相当位温(填色,单位:K);(b)200 hPa 高空辐散场(填色,单位:10^{-5} s^{-1})和 500 hPa、850 hPa 之间垂直风切变(黑色等值线,单位:m · s^{-1},间隔:5 m · s^{-1});(c)850 hPa 高空辐合场(填色,单位:10^{-5} s^{-1})和 850 hPa 垂直速度(黑色等值线,单位:10^{-2} Pa · s^{-1},间隔:$40×10^{-2}$ Pa · s^{-1});9 日 20 时(d)对流有效位能(填色,单位:J · kg^{-1})

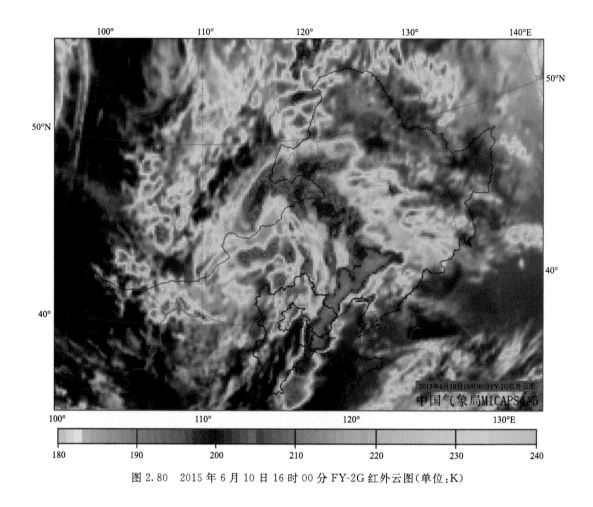

图 2.80　2015 年 6 月 10 日 16 时 00 分 FY-2G 红外云图(单位:K)

2.17　2015 年 7 月 16 日京津冀地区中北部局地暴雨

【降雨实况】2015 年 7 月 16 日京津冀地区中北部出现局地暴雨,单站最大日累计降水量达 70.8 mm(图 2.81)。国家站中最大雨强出现在密云站,17 日 00 时最大,达 30.3 mm·h^{-1}(图 2.82)。

【天气形势和对流潜势】500 hPa 西风带呈"一槽(涡)两脊"的环流形势,影响中国东部地区的低涡中心位于内蒙古自治区中西部,京津冀地区处于低涡前部西南气流中,1511 号台风"浪卡"中心位于日本以南洋面。在对流层低层,京津冀地区中北部处于偏东低空急流控制中,在对流层高层,位于 200 hPa 高空急流轴左侧;同时,京津冀地区中部和北部有显著的水汽辐合,水汽条件(925 hPa 比湿>12 g·kg^{-1})和暖平流条件(>15×10^{-5} K·s^{-1})较好(图 2.83)。京津冀地区东部 K 指数约 30 ℃,假相当位温约 330 K;低层辐合区、高层辐散区与暴雨落区的对应关系较好,中部暴雨区附近有上升运动的强中心(−40×10^{-2} Pa·s^{-1}),过程前期 CAPE不高(图 2.84)。受到涡前暖湿气流影响,对流云团在暖湿气流中逐渐发展,使得京津冀地区中北部局地出现暴雨(图 2.85)。

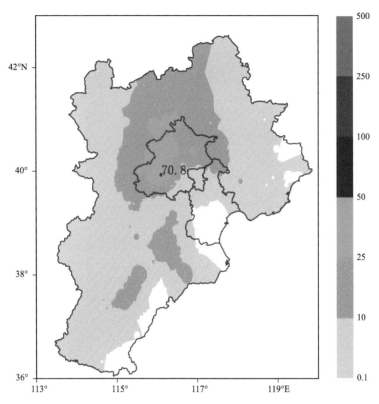

图 2.81　2015 年 7 月 16 日京津冀地区降水量分布(单位:mm)

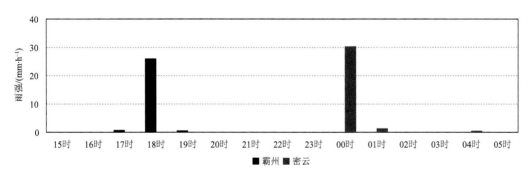

图 2.82　2015 年 7 月 16 日 15 时—17 日 05 时霸州站和密云站雨强

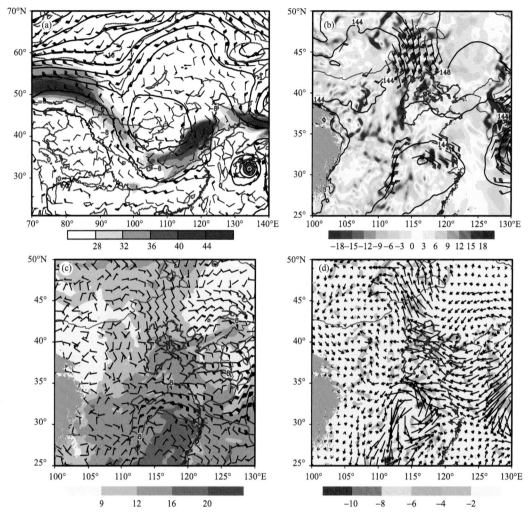

图 2.83　2015 年 7 月 16 日 14 时环流形势

(a)200 hPa 高空急流(填色,水平风速≥28 m・s⁻¹,单位:m・s⁻¹),500 hPa 位势高度场(黑色实线,单位:
dagpm),500 hPa 温度场(红色虚线,单位:℃),500 hPa 风场(黑色箭头,单位:m・s⁻¹);(b)850 hPa 温度平
流(填色,单位:10⁻⁵ K・s⁻¹),850 hPa 水平风速≥8 m・s⁻¹(风标,单位:m・s⁻¹);(c)925 hPa 比湿(填色,
单位:g・kg⁻¹),925 hPa 风场(风标,单位:m・s⁻¹,蓝色实线为风速 8 m・s⁻¹);(d)整层水汽通量散度(填
色,单位:10⁻³ g・(m²・s)⁻¹),整层水汽通量(黑色箭头,单位:1×10³ g・(m・s)⁻¹)

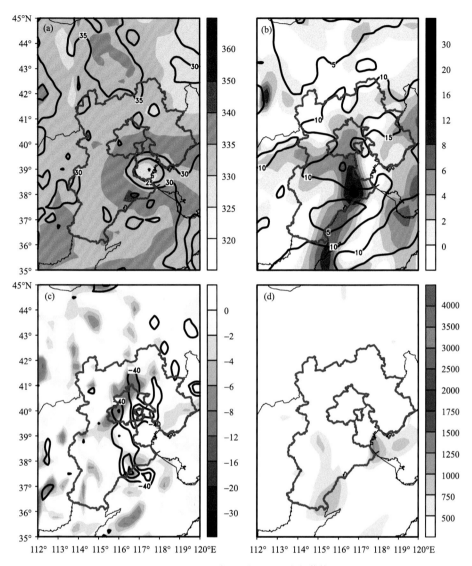

图 2.84　2015 年 7 月 16 日对流潜势

16 日 17 时(a)K 指数(黑色等值线,单位:℃,间隔:5 ℃)和假相当位温(填色,单位:K);(b)200 hPa 高空辐散场(填色,单位:10^{-5} s^{-1})和 500 hPa,850 hPa 之间垂直风切变(黑色等值线,单位:m·s^{-1},间隔:5 m·s^{-1});(c)850 hPa 高空辐合场(填色,单位:10^{-5} s^{-1})和 850 hPa 垂直速度(黑色等值线,单位:10^{-2} Pa·s^{-1},间隔:$40×10^{-2}$ Pa·s^{-1});15 日 23 时(d)对流有效位能(填色,单位:J·kg^{-1})

图 2.85　2015 年 7 月 16 日 22 时 30 分 FY-2G 红外云图(单位:K)

2.18　2015 年 7 月 17 日夜间京津冀地区中部局地暴雨

【降雨实况】2015 年 7 月 17 日京津冀地区中部出现局地暴雨,单站最大日累计降水量达 115.2 mm(图 2.86)。国家站中最大雨强出现在霸州站,18 日 03 时最大,达 66.6 mm・h^{-1} (图 2.87)。

【天气形势和对流潜势】500 hPa 西风带呈"一槽(涡)两脊"的环流形势,影响中国东部地区的低涡中心位于内蒙古自治区中部,京津冀地区处于低涡前部西南气流中,1511 号台风"浪卡"中心位于日本以北洋面。在对流层低层,长江中下游有一气旋性环流中心,东侧偏南气流直达京津冀地区中部,有显著的风速辐合,在对流层高层,位于 200 hPa 高空急流入口区左侧;同时,京津冀地区中部有显著的水汽辐合,水汽条件(925 hPa 比湿>16 g・kg^{-1})和暖平流条件 (>6×10^{-5} K・s^{-1})较好(图 2.88)。京津冀地区中部 K 指数约 35 ℃,假相当位温约 330 K;低层辐合区、高层辐散区与暴雨落区的对应关系较好,中部暴雨区附近有上升运动的强中心(−40× 10^{-2} Pa・s^{-1}),但过程前期 CAPE 不高(图 2.89)。受其影响,对流云团于 7 月 18 日凌晨在京津冀地区中部加强(图 2.90),并产生暴雨。

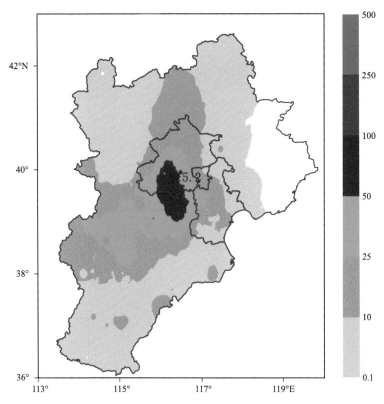

图 2.86　2015 年 7 月 17 日京津冀地区降水量分布(单位:mm)

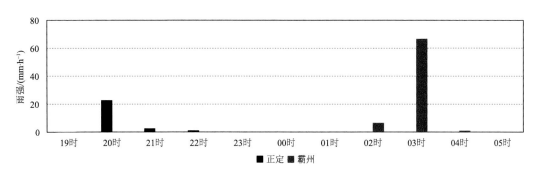

图 2.87　2015 年 7 月 17 日 19 时—18 日 05 时正定站和霸州站雨强

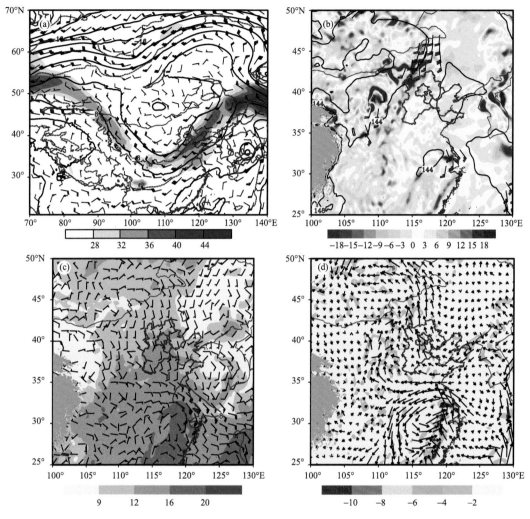

图 2.88　2015 年 7 月 17 日 16 时环流形势

(a)200 hPa 高空急流(填色,水平风速≥28 m·s⁻¹,单位:m·s⁻¹),500 hPa 位势高度场(黑色实线,单位:
dagpm),500 hPa 温度场(红色虚线,单位:℃),500 hPa 风场(黑色箭头,单位:m·s⁻¹);(b)850 hPa 温度平
流(填色,单位:10⁻⁵ K·s⁻¹),850 hPa 水平风速≥8 m·s⁻¹(风标,单位:m·s⁻¹);(c)925 hPa 比湿(填色,
单位:g·kg⁻¹),925 hPa 风场(风标,单位:m·s⁻¹,蓝色实线为风速 8 m·s⁻¹);(d)整层水汽通量散度(填
色,单位:10⁻³ g·(m²·s)⁻¹),整层水汽通量(黑色箭头,单位:1×10³ g·(m·s)⁻¹)

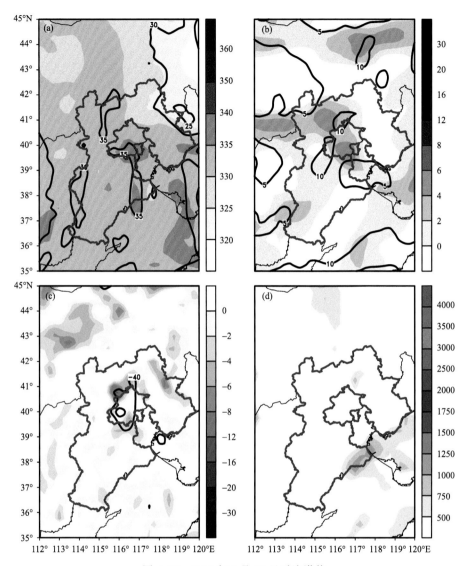

图 2.89　2015 年 7 月 17 日对流潜势

17 日 08 时(a)K 指数(黑色等值线,单位:℃,间隔:5 ℃)和假相当位温(填色,单位:K);(b)200 hPa 高空辐散场(填色,单位:10⁻⁵ s⁻¹)和 500 hPa、850 hPa 之间垂直风切变(黑色等值线,单位:m·s⁻¹,间隔:5 m·s⁻¹);(c)850 hPa 高空辐合场(填色,单位:10⁻⁵ s⁻¹)和 850 hPa 垂直速度(黑色等值线,单位:10⁻² Pa·s⁻¹,间隔:40×10⁻² Pa·s⁻¹);16 日 12 时(d)对流有效位能(填色,单位:J·kg⁻¹)

图 2.90　2015 年 7 月 18 日 02 时 30 分 FY-2G 红外云图(单位:K)

2.19　2015 年 7 月 18 日京津冀地区中部和西部局地暴雨

【降雨实况】2015 年 7 月 18 日京津冀地区中部和西部出现局地暴雨,单站最大日累计降水量达 90.6 mm(图 2.91)。国家站中最大雨强出现在昌平站,18 时最大,达 52.1 mm·h^{-1},另外,顺平站 23 时—19 日 00 时出现连续大于 25 mm·h^{-1}的雨强(图 2.92)。

【天气形势和对流潜势】500 hPa 西风带呈"一槽两脊"的环流形势,影响中国东部地区的低压槽位于华北西部至西南东部,京津冀地区处于低涡前部西南气流中。在对流层低层,京津冀地区西部和中部有显著的风速辐合,在对流层高层,位于 200 hPa 高空急流入口区左侧;同时,京津冀地区中部和西部水汽条件(925 hPa 比湿>12 g·kg^{-1})和暖平流条件(>3×10^{-5} K·s^{-1})较好(图 2.93)。京津冀地区中部和西部 K 指数约 30 ℃,假相当位温约 330 K;低层辐合区、高层辐散区与暴雨落区的对应关系较好,17 日午后西部 CAPE 大于 750 J·kg^{-1}(图 2.94)。受涡前动力抬升和低层水汽辐合影响,对流云团于 7 月 18 日傍晚在京津冀地区中部和西部生成与发展(图 2.95),并于傍晚到夜间在京津冀地区中部和西部局地产生暴雨。

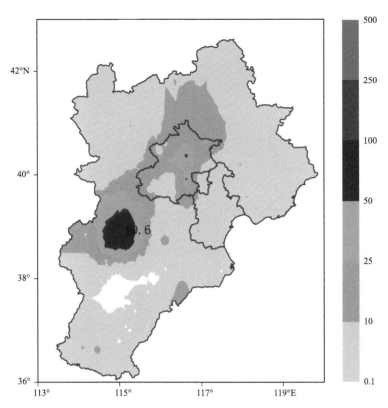

图 2.91　2015 年 7 月 18 日京津冀地区降水量分布(单位:mm)

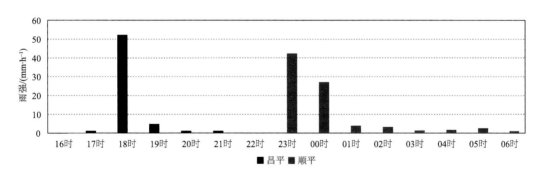

图 2.92　2015 年 7 月 18 日 16 时—19 日 06 时昌平站和顺平站雨强

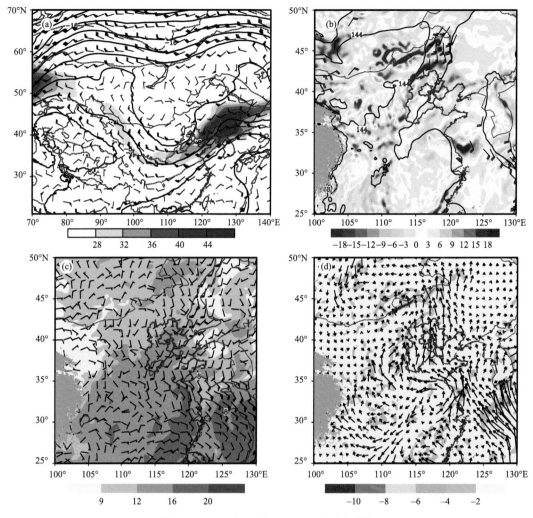

图 2.93　2015 年 7 月 18 日 16 时环流形势

(a)200 hPa 高空急流(填色,水平风速≥28 m·s⁻¹,单位:m·s⁻¹),500 hPa 位势高度场(黑色实线,单位:
dagpm),500 hPa 温度场(红色虚线,单位:℃),500 hPa 风场(黑色箭头,单位:m·s⁻¹);(b)850 hPa 温度平
流(填色,单位:10⁻⁵ K·s⁻¹),850 hPa 水平风速≥8 m·s⁻¹(风标,单位:m·s⁻¹);(c)925 hPa 比湿(填色,
单位:g·kg⁻¹),925 hPa 风场(风标,单位:m·s⁻¹,蓝色实线为风速 8 m·s⁻¹);(d)整层水汽通量散度(填
色,单位:10⁻³ g·(m²·s)⁻¹),整层水汽通量(黑色箭头,单位:1×10³ g·(m·s)⁻¹)

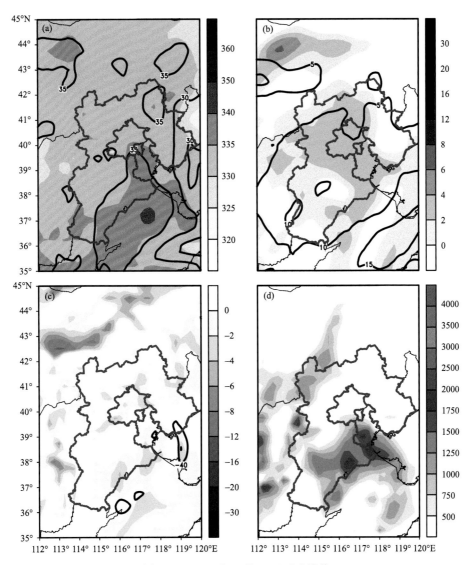

图 2.94　2015 年 7 月 18 日对流潜势

18 日 08 时(a)K 指数(黑色等值线,单位:℃,间隔:5 ℃)和假相当位温(填色,单位:K);(b)200 hPa 高空辐散场(填色,单位:10^{-5} s^{-1})和 500 hPa、850 hPa 之间垂直风切变(黑色等值线,单位:m · s^{-1},间隔:5 m · s^{-1});(c)850 hPa 高空辐合场(填色,单位:10^{-5} s^{-1})和 850 hPa 垂直速度(黑色等值线,单位:10^{-2} Pa · s^{-1},间隔:$40×10^{-2}$ Pa · s^{-1});17 日 14 时(d)对流有效位能(填色,单位:J · kg^{-1})

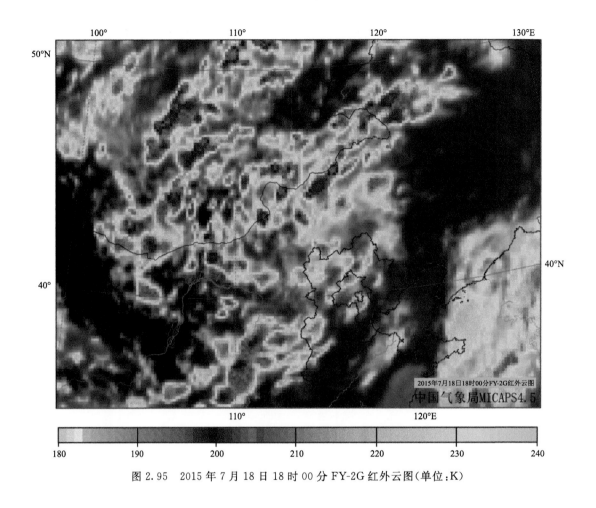

图 2.95　2015 年 7 月 18 日 18 时 00 分 FY-2G 红外云图(单位:K)

2.20　2015 年 7 月 19—20 日京津冀地区中东部和南部局地暴雨

【降雨实况】2015 年 7 月 19 日京津冀地区中东部和南部出现局地暴雨,单站最大日累计降水量达 127.6 mm(图 2.96)。国家站中最大雨强出现在枣强站,20 日 02 时最大,达 80.8 mm·h^{-1} (图 2.97)。

【天气形势和对流潜势】500 hPa 西风带呈"一槽两脊"的环流形势,影响中国东部地区的低压槽位于华北至江汉地区,京津冀地区东部及南部处于低涡前部西南气流中。在对流层低层,京津冀地区中部和东南部有显著的风速辐合,在对流层高层,位于 200 hPa 高空急流入口区左侧;同时,京津冀地区中部和东部水汽条件(925 hPa 比湿>12 g·kg^{-1})和暖平流条件(>3×10^{-5} K·s^{-1})较好,中南部有显著水汽辐合区(图 2.98)。京津冀地区中部和东南部 K 指数约 35 ℃,假相当位温约 335K;低层辐合区、高层辐散区与暴雨落区的对应关系较好,东南部暴雨区附近有上升运动的强中心(<-40×10^{-2} Pa·s^{-1}),18 日夜间 CAPE 累计大于 750 J·kg^{-1} (图 2.99)。受高低空动力条件作用和 CAPE 的影响,对流云团于 7 月 19 日夜间在京津冀地区中东部发展(图 2.100),并于京津冀地区中东部局地产生暴雨。

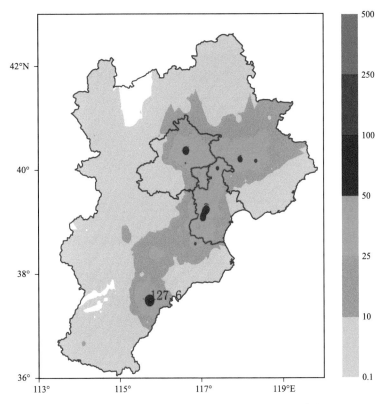

图 2.96　2015 年 7 月 19 日京津冀地区降水量分布(单位:mm)

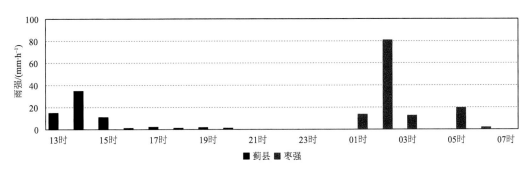

图 2.97　2015 年 7 月 19 日 15 时—20 日 07 时蓟县站和枣强站雨强

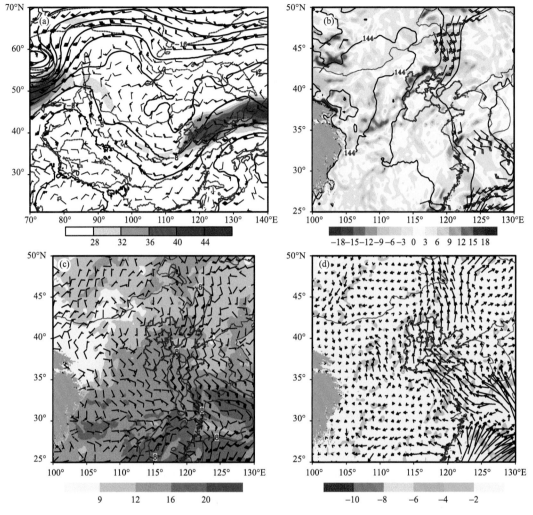

图 2.98 2015 年 7 月 19 日 12 时环流形势

(a)200 hPa 高空急流(填色,水平风速≥28 m・s^{-1},单位:m・s^{-1}),500 hPa 位势高度场(黑色实线,单位: dagpm),500 hPa 温度场(红色虚线,单位:℃),500 hPa 风场(黑色箭头,单位:m・s^{-1});(b)850 hPa 温度平流(填色,单位:10^{-5} K・s^{-1}),850 hPa 水平风速≥8 m・s^{-1}(风标,单位:m・s^{-1});(c)925 hPa 比湿(填色, 单位:g・kg^{-1}),925 hPa 风场(风标,单位:m・s^{-1},蓝色实线为风速 8 m・s^{-1});(d)整层水汽通量散度(填色,单位:10^{-3} g・(m^2・s)$^{-1}$),整层水汽通量(黑色箭头,单位:1×10^3 g・(m・s)$^{-1}$)

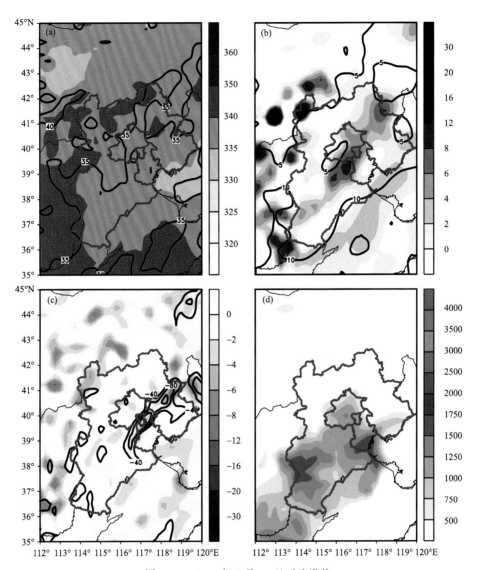

图 2.99　2015 年 7 月 19 日对流潜势

19 日 15 时(a)K 指数(黑色等值线,单位:℃,间隔:5 ℃)和假相当位温(填色,单位:K);(b)200 hPa 高空辐散
场(填色,单位:10^{-5} s^{-1})和 500 hPa、850 hPa 之间垂直风切变(黑色等值线,单位:m·s^{-1},间隔:5 m·s^{-1});
(c)850 hPa 高空辐合场(填色,单位:10^{-5} s^{-1})和 850 hPa 垂直速度(黑色等值线,单位:10^{-2} Pa·s^{-1},间
隔:40×10^{-2} Pa·s^{-1});18 日 21 时(d)对流有效位能(填色,单位:J·kg^{-1})

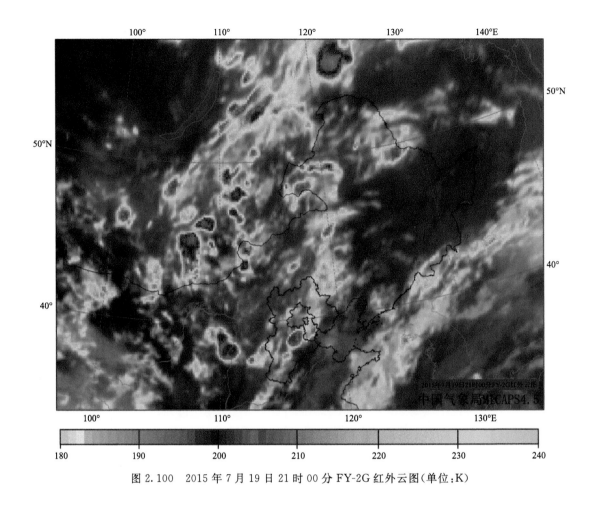

图 2.100　2015 年 7 月 19 日 21 时 00 分 FY-2G 红外云图(单位:K)

2.21　2015 年 7 月 27 日京津冀地区中部和北部局地暴雨

【降雨实况】2015 年 7 月 27 日京津冀地区中部和北部出现局地暴雨,单站最大日累计降水量达 91.7 mm(图 2.101)。国家站中最大雨强出现在房山站,27 日 22 时最大,达 53.8 mm·h^{-1}(图 2.102)。

【天气形势和对流潜势】500 hPa 西风带呈"两槽(涡)一脊"的环流形势,我国黑龙江省北部附近和俄罗斯西西伯利亚分别有两个低涡,中间为高压脊,影响华北地区的浅槽沿西风急流东移,副高偏强偏西,京津冀地区中部和北部处于偏西气流中。在对流层低层,副高西侧西南低空急流建立,京津冀地区中部和北部有显著的风速辐合,在对流层高层,位于 200 hPa 高空急流入口区右侧;同时,京津冀地区中部和北部水汽条件(925 hPa 比湿>16 g·kg^{-1})和暖平流条件(>6×10^{-5} K·s^{-1})较好,并有显著的水汽辐合区(图 2.103)。京津冀地区中部和北部 K 指数约 35 ℃,假相当位温约 350 K;低层辐合区、高层辐散区与暴雨落区的对应关系较好,东南部暴雨区附近有上升运动的强中心(−40×10^{-2} Pa·s^{-1}),北部 850~500 hPa 垂直风切变约 15 m·s^{-1},26 日午夜中部 CAPE 累计大于 2000 J·kg^{-1}(图 2.104)。受其影响,对流云团在京津冀地区北部发展(图 2.105),并于京津冀地区北部局地产生暴雨。

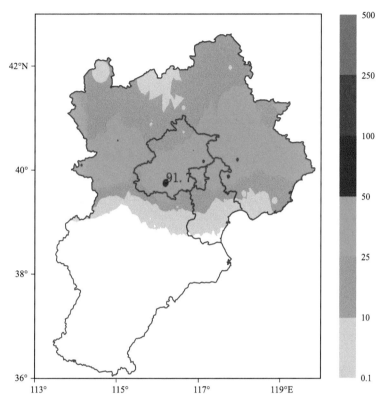

图 2.101　2015 年 7 月 27 日京津冀地区降水量分布(单位:mm)

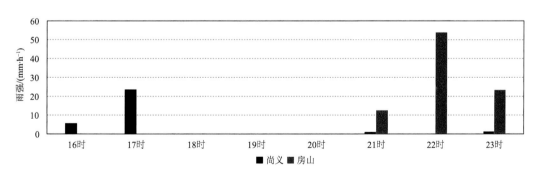

图 2.102　2015 年 7 月 27 日 16—23 时尚义站和房山站雨强

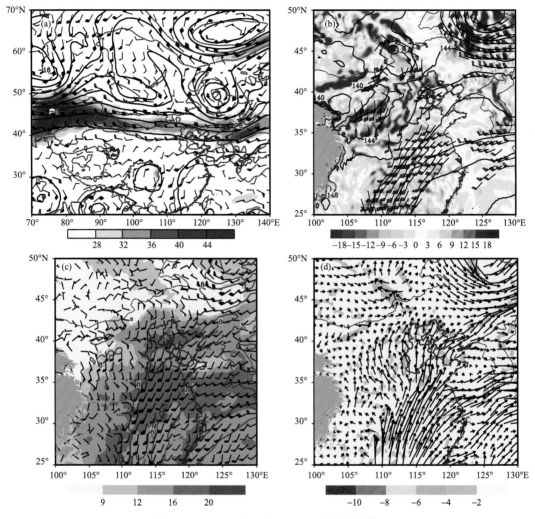

图 2.103　2015 年 7 月 27 日 14 时环流形势

(a)200 hPa 高空急流(填色,水平风速≥28 m·s⁻¹,单位:m·s⁻¹),500 hPa 位势高度场(黑色实线,单位:dagpm),500 hPa 温度场(红色虚线,单位:℃),500 hPa 风场(黑色箭头,单位:m·s⁻¹);(b)850 hPa 温度平流(填色,单位:10⁻⁵ K·s⁻¹),850 hPa 水平风速≥8 m·s⁻¹(风标,单位:m·s⁻¹);(c)925 hPa 比湿(填色,单位:g·kg⁻¹),925 hPa 风场(风标,单位:m·s⁻¹,蓝色实线为风速 8 m·s⁻¹);(d)整层水汽通量散度(填色,单位:10⁻³ g·(m²·s)⁻¹),整层水汽通量(黑色箭头,单位:1×10³ g·(m·s)⁻¹)

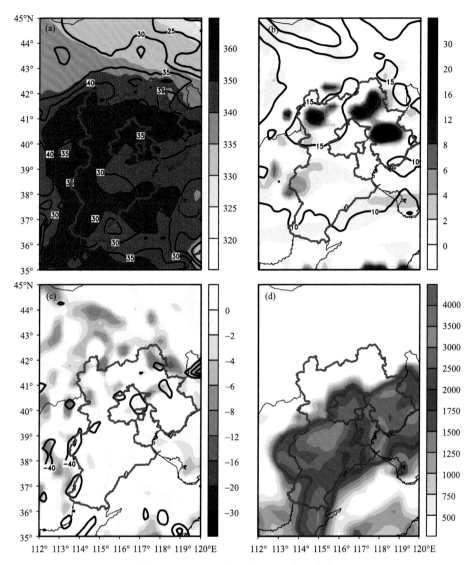

图 2.104　2015 年 7 月 27 日对流潜势

27 日 16 时(a)K 指数(黑色等值线,单位:℃,间隔:5 ℃)和假相当位温(填色,单位:K);(b)200 hPa 高空辐散场(填色,单位:10^{-5} s^{-1})和 500 hPa、850 hPa 之间垂直风切变(黑色等值线,单位:m·s^{-1},间隔:5 m·s^{-1});(c)850 hPa 高空辐合场(填色,单位:10^{-5} s^{-1})和 850 hPa 垂直速度(黑色等值线,单位:10^{-2} Pa·s^{-1},间隔:40×10^{-2} Pa·s^{-1});26 日 22 时(d)对流有效位能(填色,单位:J·kg^{-1})

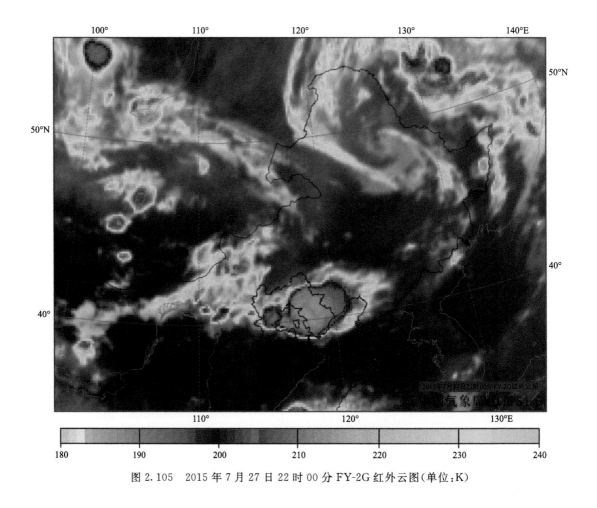

图 2.105　2015 年 7 月 27 日 22 时 00 分 FY-2G 红外云图(单位:K)

2.22　2015 年 7 月 29 日京津冀地区东部和南部局地暴雨

【降雨实况】2015 年 7 月 29 日京津冀地区东部和南部出现局地暴雨,单站最大日累计降水量达 80.9 mm(图 2.106)。国家站中最大雨强出现在渤海新区综合港区站,29 日 22—23 时连续出现大于 25 mm·h^{-1} 的雨强,22 时最大,达 57.6 mm·h^{-1}(图 2.107)。

【天气形势和对流潜势】500 hPa 西风带呈"两槽(涡)一脊"的环流形势,强大高压脊位于贝加尔湖附近,受其影响,中纬度环流向经向型发展;位于俄罗斯东部的低涡底部有横槽发展加强,京津冀地区东部和南部处于槽前西南气流中。在对流层低层,副高西侧西南低空急流建立,京津冀地区东部和南部处在切变线附近,在对流层高层,位于 200 hPa 高空急流入口区右侧;同时,京津冀地区东部和南部水汽条件(925 hPa 比湿＞16 g·kg^{-1})和暖平流条件(＞6×10^{-5} K·s^{-1})较好,并有显著的水汽辐合区(图 2.108)。京津冀地区东部和南部 K 指数约 35 ℃,假相当位温约 360 K;低层辐合区、高层辐散区与南部暴雨落区的对应关系较好,南部暴雨区附近有上升运动的强中心(−40×10^{-2} Pa·s^{-1}),中部和南部 850～500 hPa 垂直风切变约 10 m·s^{-1},28 日午夜东南部 CAPE 累计大于 2000 J·kg^{-1}(图 2.109)。受到低空暖湿气流、风向风速辐合的影响,对流云团在京津冀地区中东部发展(图 2.110),并于京津冀地区东部和南部局地产生暴雨。

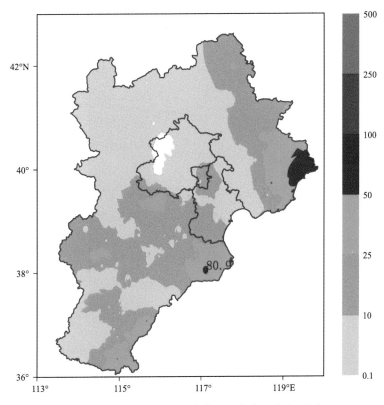

图 2.106　2015 年 7 月 29 日京津冀地区降水量分布（单位：mm）

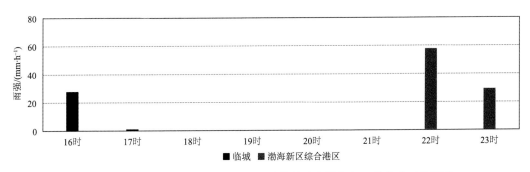

图 2.107　2015 年 7 月 29 日 16—23 时临城站和渤海新区综合港区站雨强

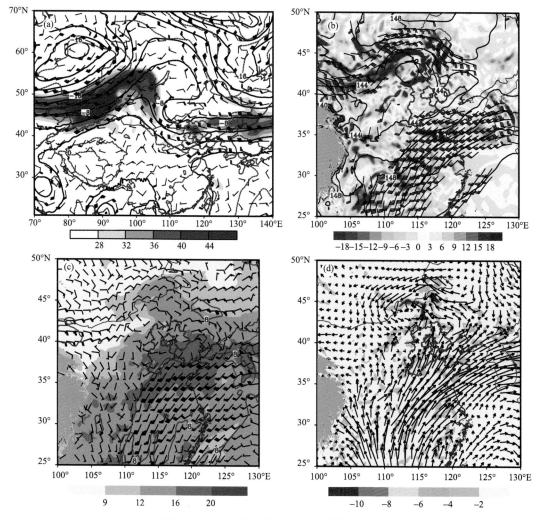

图 2.108　2015 年 7 月 29 日 16 时环流形势

(a)200 hPa 高空急流(填色,水平风速≥28 m·s⁻¹,单位:m·s⁻¹),500 hPa 位势高度场(黑色实线,单位: dagpm),500 hPa 温度场(红色虚线,单位:℃),500 hPa 风场(黑色箭头,单位:m·s⁻¹);(b)850 hPa 温度平流(填色,单位:10⁻⁵ K·s⁻¹),850 hPa 水平风速≥8 m·s⁻¹(风标,单位:m·s⁻¹);(c)925 hPa 比湿(填色,单位:g·kg⁻¹),925 hPa 风场(风标,单位:m·s⁻¹,蓝色实线为风速 8 m·s⁻¹);(d)整层水汽通量散度(填色,单位:10⁻³ g·(m²·s)⁻¹),整层水汽通量(黑色箭头,单位:1×10³ g·(m·s)⁻¹)

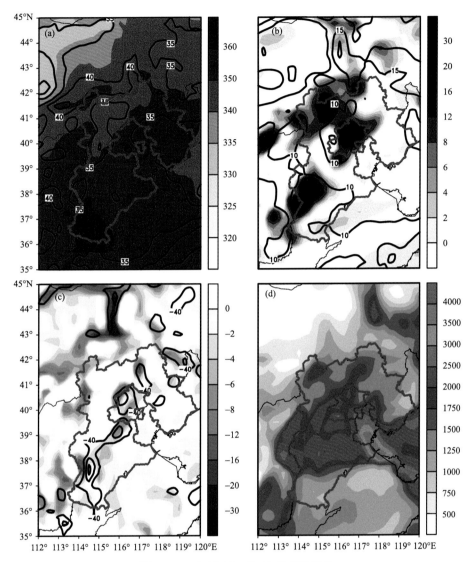

图 2.109　2015 年 7 月 29 日对流潜势

29 日 16 时(a)K 指数(黑色等值线,单位:℃,间隔:5 ℃)和假相当位温(填色,单位:K);(b)200 hPa 高空辐散场(填色,单位:10^{-5} s^{-1})和 500 hPa、850 hPa 之间垂直风切变(黑色等值线,单位:m·s^{-1},间隔:5 m·s^{-1});(c)850 hPa 高空辐合场(填色,单位:10^{-5} s^{-1})和 850 hPa 垂直速度(黑色等值线,单位:10^{-2} Pa·s^{-1},间隔:$40×10^{-2}$ Pa·s^{-1});28 日 22 时(d)对流有效位能(填色,单位:J·kg^{-1})

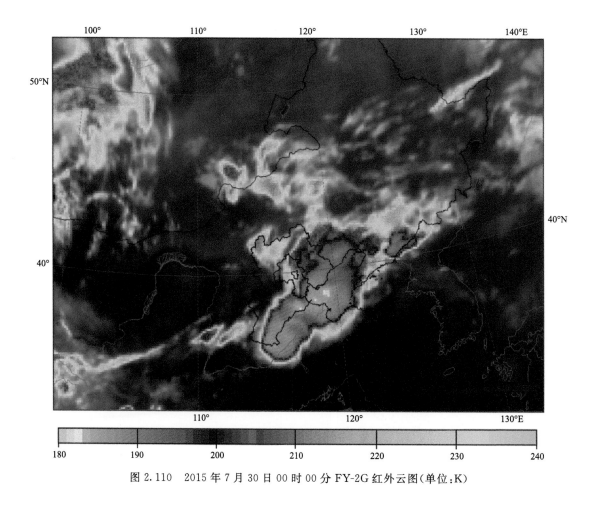

图 2.110　2015 年 7 月 30 日 00 时 00 分 FY-2G 红外云图(单位:K)

2.23　2015 年 8 月 7 日京津冀地区中部局地暴雨

【降雨实况】2015 年 8 月 7 日京津冀地区中部出现局地暴雨,单站最大日累计降水量达 68.5 mm(图 2.111)。国家站中最大雨强出现在海淀站,20 时最大,达 47.7 mm·h⁻¹(图 2.112)。

【天气形势和对流潜势】500 hPa 西风带呈"两槽(涡)一脊"的环流形势,影响我国东北、华北地区的低涡中心位于黑龙江省北部,副高受 1513 号台风"苏迪罗"北上挤压偏东偏北,京津冀地区处于副高西侧、低涡底部偏西气流中。在对流层低层,副高西侧西南低空急流偏东,京津冀地区中部有风速辐合,在对流层高层,位于 200 hPa 高空急流入口区右侧;京津冀地区中部水汽条件(925 hPa 比湿>12g·kg⁻¹)较好,有弱的暖平流(约 3×10⁻⁵ K·s⁻¹),局地有水汽辐合区(图 2.113)。京津冀地区中部 K 指数约 33 ℃,假相当位温约 340 K;低层辐合区、高层辐散区与暴雨落区的对应关系较好,北京暴雨区附近有上升运动的强中心(−40×10⁻² Pa·s⁻¹),850∼500 hPa 垂直风切变约 10 m·s⁻¹,6 日午夜大部分地区 CAPE 累计大于 1250 J·kg⁻¹(图 2.114),6 日傍晚中部地区 CAPE 超过 2500 J·kg⁻¹。受到低涡系统影响,对流云团于 8 月 7 日傍晚京津冀地区西北部逐渐发展,自西北向东南方向移动,京津冀地区中部局地出现暴雨(图 2.115)。

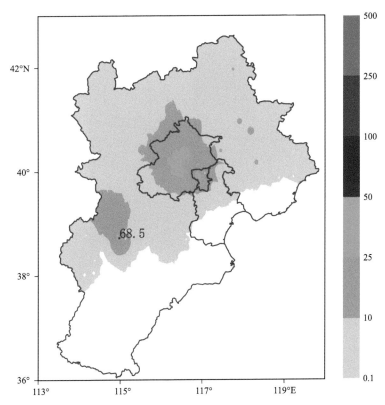

图 2.111　2015 年 8 月 7 日京津冀地区降水量分布(单位:mm)

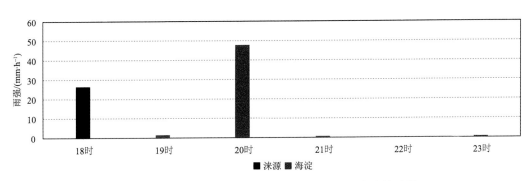

图 2.112　2015 年 8 月 7 日 18—23 时涞源站和海淀站雨强

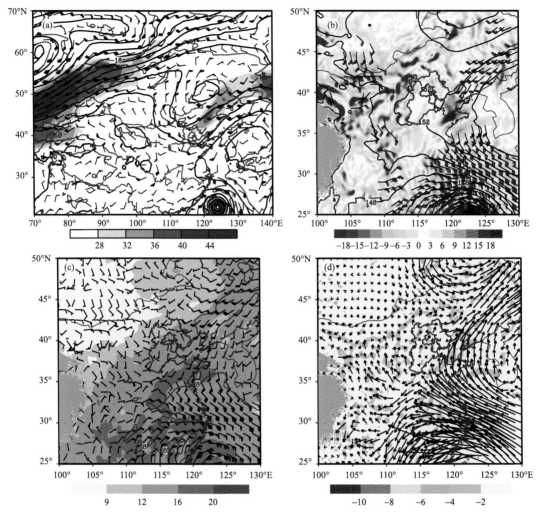

图 2.113　2015 年 8 月 7 日 18 时环流形势

(a)200 hPa 高空急流（填色,水平风速≥28 m·s⁻¹,单位:m·s⁻¹）,500 hPa 位势高度场（黑色实线,单位:
dagpm）,500 hPa 温度场（红色虚线,单位:℃）,500 hPa 风场（黑色箭头,单位:m·s⁻¹）;(b)850 hPa 温度平
流（填色,单位:10⁻⁵ K·s⁻¹）,850 hPa 水平风速≥8 m·s⁻¹（风标,单位:m·s⁻¹）;(c)925 hPa 比湿（填色,
单位:g·kg⁻¹）,925 hPa 风场（风标,单位:m·s⁻¹,蓝色实线为风速 8 m·s⁻¹）;(d)整层水汽通量散度（填
色,单位:10⁻³ g·(m²·s)⁻¹）,整层水汽通量（黑色箭头,单位:1×10³ g·(m·s)⁻¹）

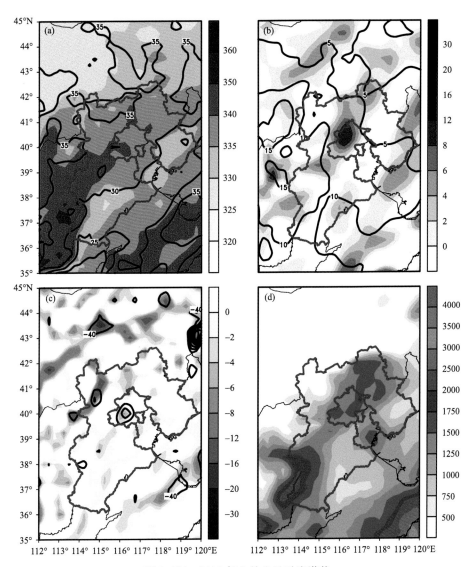

图 2.114　2015 年 8 月 7 日对流潜势

7 日 18 时(a)K 指数(黑色等值线,单位:℃,间隔:5 ℃)和假相当位温(填色,单位:K);(b)200 hPa 高空辐散
场(填色,单位:10^{-5} s^{-1})和 500 hPa、850 hPa 之间垂直风切变(黑色等值线,单位:m·s^{-1},间隔:5 m·s^{-1});
(c)850 hPa 高空辐合场(填色,单位:10^{-5} s^{-1})和 850 hPa 垂直速度(黑色等值线,单位:10^{-2} Pa·s^{-1},间
隔:40×10^{-2} Pa·s^{-1});7 日 00 时(d)对流有效位能(填色,单位:J·kg^{-1})

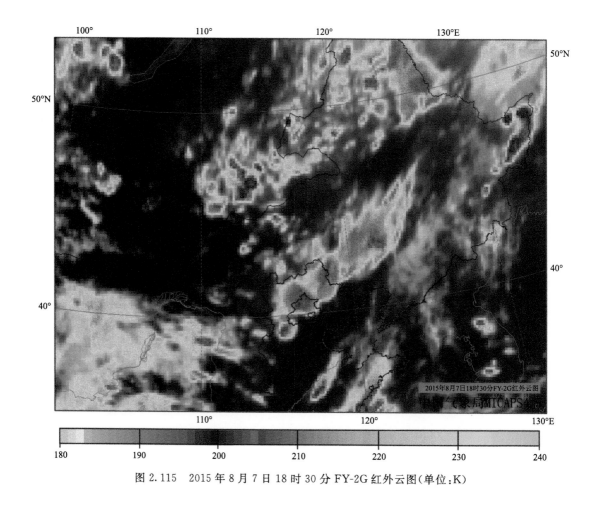

图 2.115　2015 年 8 月 7 日 18 时 30 分 FY-2G 红外云图（单位：K）

2.24　2015 年 8 月 18 日京津冀地区中南部局地暴雨

【降雨实况】2015 年 8 月 18 日京津冀地区中南部出现局地暴雨，单站最大日累计降水量达 68.5 mm（图 2.116）。国家站中最大雨强出现在赵县站，18 时最大，达 72.3 mm·h^{-1}（图 2.117）。

【天气形势和对流潜势】500 hPa 西风带呈"一脊一槽（涡）"的环流形势，影响我国北方的强大切断低压中心位于蒙古国中部，副高偏南偏西，京津冀地区处于低压前部偏西气流中。在对流层低层，京津冀地区南部处在强的偏南气流中，有风速辐合，在对流层高层，位于 200 hPa 高空急流轴附近；京津冀地区南部水汽条件（925 hPa 比湿＞12 g·kg^{-1}）较好，有弱的暖平流（约 3×10^{-5} K·s^{-1}），局地有水汽辐合区（图 2.118）。京津冀地区中南部 K 指数达 35 ℃以上，假相当位温相对周边更高，达 340 K 以上；相应对流不稳定能量也非常有利，达 2000 J·kg^{-1}以上；暴雨区附近有较强低层辐合和强高层辐散；850～500 hPa 垂直风切变为 10～15 m·s^{-1}，为中等强度，对局地短时强降水有利；暴雨区附近有上升运动的强中心（−80×10^{-2} Pa·s^{-1}）（图 2.119）。受其影响，对流云团于 8 月 18 日下午至傍晚在京津冀地区中南部逐渐发展成熟，京津冀地区中南部局地出现暴雨（图 2.120）。

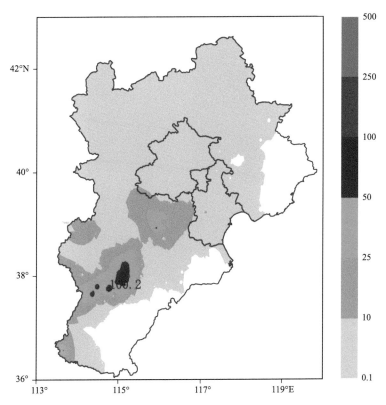

图 2.116　2015 年 8 月 18 日京津冀地区降水量分布(单位:mm)

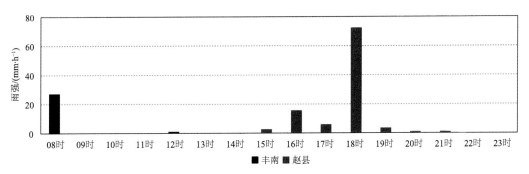

图 2.117　2015 年 8 月 18 日 08—23 时丰南站和赵县站雨强

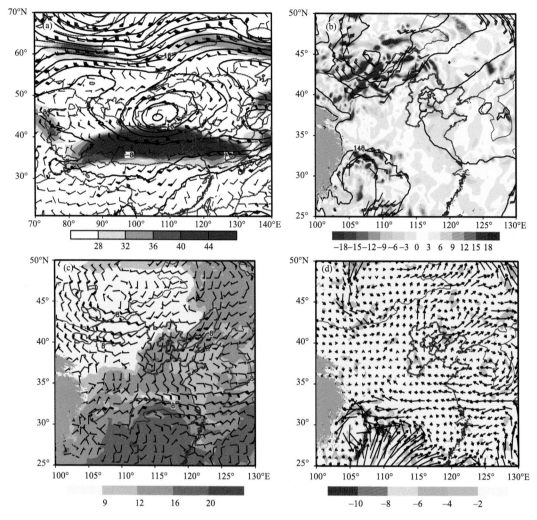

图 2.118 2015 年 8 月 18 日 08 时环流形势

(a)200 hPa 高空急流(填色,水平风速≥28 m・s⁻¹,单位:m・s⁻¹),500 hPa 位势高度场(黑色实线,单位:dagpm),500 hPa 温度场(红色虚线,单位:℃),500 hPa 风场(黑色箭头,单位:m・s⁻¹);(b)850 hPa 温度平流(填色,单位:10^{-5} K・s⁻¹),850 hPa 水平风速≥8 m・s⁻¹(风标,单位:m・s⁻¹);(c)925 hPa 比湿(填色,单位:g・kg⁻¹),925 hPa 风场(风标,单位:m・s⁻¹,蓝色实线为风速 8 m・s⁻¹);(d)整层水汽通量散度(填色,单位:10^{-3} g・(m²・s)⁻¹),整层水汽通量(黑色箭头,单位:1×10^3 g・(m・s)⁻¹)

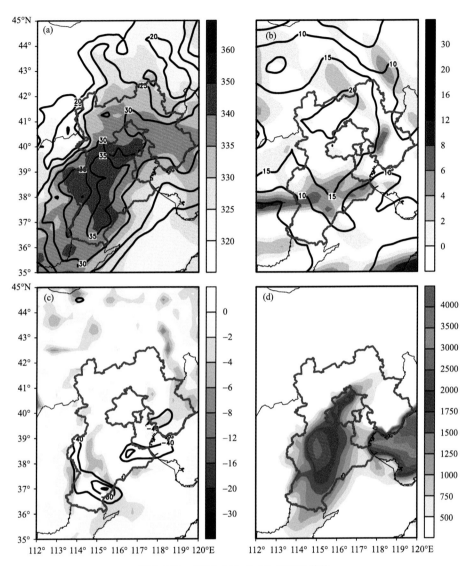

图 2.119　2015 年 8 月 18 日对流潜势

18 日 08 时(a)K 指数(黑色等值线,单位:℃,间隔:5 ℃)和假相当位温(填色,单位:K);(b)200 hPa 高空辐散场(填色,单位:$10^{-5}\ s^{-1}$)和 500 hPa、850 hPa 之间垂直风切变(黑色等值线,单位:m·s^{-1},间隔:5 m·s^{-1});(c)850 hPa 高空辐合场(填色,单位:$10^{-5}\ s^{-1}$)和 850 hPa 垂直速度(黑色等值线,单位:10^{-2} Pa·s^{-1},间隔:40×10^{-2} Pa·s^{-1});17 日 14 时(d)对流有效位能(填色,单位:J·kg^{-1})

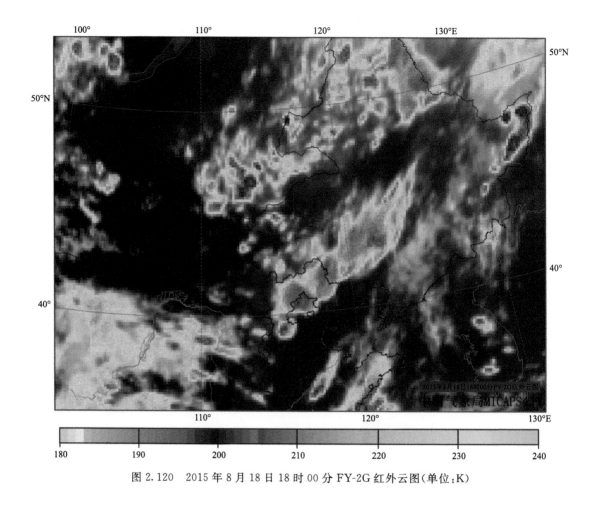

图 2.120　2015 年 8 月 18 日 18 时 00 分 FY-2G 红外云图(单位:K)

2.25　2015 年 8 月 23 日京津冀地区中部局地暴雨

【降雨实况】2015 年 8 月 23 日京津冀地区中部出现局地暴雨,单站最大日累计降水量达 76.0 mm(图 2.121)。国家站中最大雨强出现在南皮站,19 时最大,达 72.3 mm·h^{-1}(图 2.122)。

【天气形势和对流潜势】500 hPa 西风带呈"一槽(涡)一脊"的环流形势,西伯利亚地区为宽广强大的阻塞高压,影响我国东部地区的低涡中心位于华北至东北南部,副高受 1515 号强台风"天鹅"挤压退至 130°E 附近,京津冀地区处于低涡后部控制下,南部地区处于西北气流中。在对流层低层,有倒槽延伸至京津冀地区南部,在对流层高层,位于 200 hPa 高空急流入口区左侧;京津冀地区南部水汽条件(925 hPa 比湿>16 g·kg^{-1})较好,有弱的暖平流(约 3×10^{-5} K·s^{-1}),局地有水汽辐合区(图 2.123)。京津冀地区中部偏西地区 K 指数约 35 ℃,假相当位温相对较高,约 335 K,对于中部偏西的局部暴雨是有利的;而对于中部偏东地区来说,暴雨区位于低层辐合和高层辐散的相对大值区,同时上升运动也相对较强,对流不稳定能量超过 1750 J·kg^{-1},对于该处的暴雨也是有利的(图 2.124)。受其影响,对流云团于 8 月 23 日下午在京津冀地区西部逐渐发展,随着低涡向东移动,傍晚前后京津冀地区中部偏西、偏东局地均出现暴雨(图 2.125)。

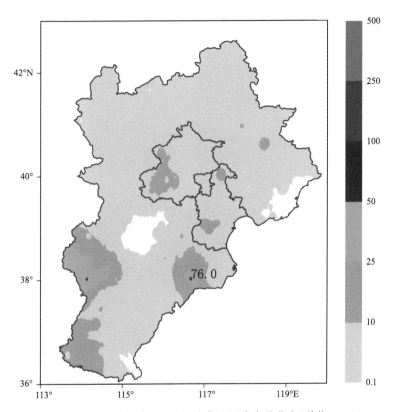

图 2.121　2015 年 8 月 23 日京津冀地区降水量分布(单位:mm)

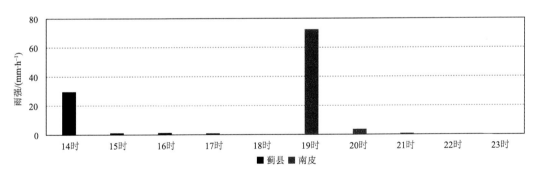

图 2.122　2015 年 8 月 23 日 14—23 时蓟县站和南皮站雨强

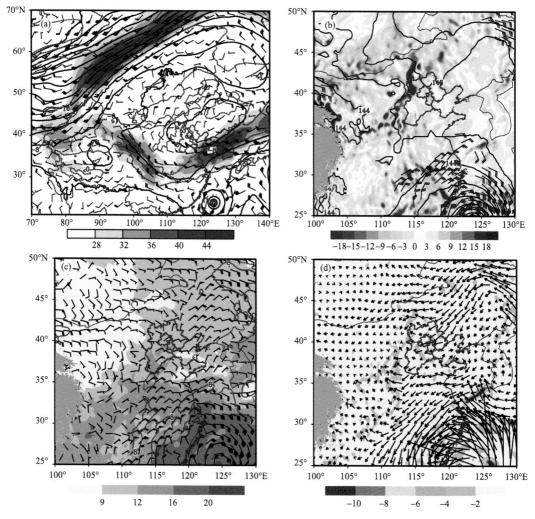

图 2.123 2015 年 8 月 23 日 16 时环流形势

(a)200 hPa 高空急流(填色,水平风速≥28 m·s^{-1},单位:m·s^{-1}),500 hPa 位势高度场(黑色实线,单位:dagpm),500 hPa 温度场(红色虚线,单位:℃),500 hPa 风场(黑色箭头,单位:m·s^{-1});(b)850 hPa 温度平流(填色,单位:10^{-5} K·s^{-1}),850 hPa 水平风速≥8 m·s^{-1}(风标,单位:m·s^{-1});(c)925 hPa 比湿(填色,单位:g·kg^{-1}),925 hPa 风场(风标,单位:m·s^{-1},蓝色实线为风速 8 m·s^{-1});(d)整层水汽通量散度(填色,单位:10^{-3} g·(m^2·s)$^{-1}$),整层水汽通量(黑色箭头,单位:1×10^3 g·(m·s)$^{-1}$)

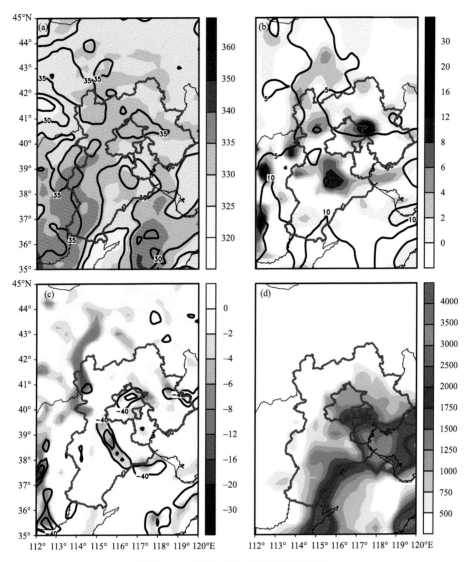

图 2.124　2015 年 8 月 23 日对流潜势

23 日 16 时(a)K 指数(黑色等值线,单位:℃,间隔:5 ℃)和假相当位温(填色,单位:K);(b)200 hPa 高空辐散场(填色,单位:10^{-5} s^{-1})和 500 hPa、850 hPa 之间垂直风切变(黑色等值线,单位:m·s^{-1},间隔:5 m·s^{-1});(c)850 hPa 高空辐合场(填色,单位:10^{-5} s^{-1})和 850 hPa 垂直速度(黑色等值线,单位:10^{-2} Pa·s^{-1},间隔:$40×10^{-2}$ Pa·s^{-1});22 日 22 时(d)对流有效位能(填色,单位:J·kg^{-1})

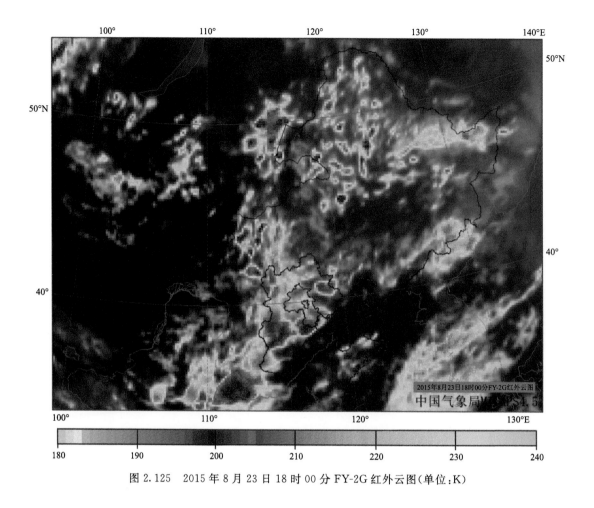

图 2.125　2015 年 8 月 23 日 18 时 00 分 FY-2G 红外云图（单位：K）

2.26　2015 年 8 月 30—31 日京津冀地区中部和南部区域性暴雨

【降雨实况】2015 年 8 月 30—31 日京津冀地区中部和南部自西向东出现暴雨，30 日单站最大日累计降水量达 79.3 mm，31 日达 201.4 mm（图 2.126）。30 日，国家站中最大雨强出现在大厂站，08 时最大，达 24.9 mm·h^{-1}；31 日，出现在曲阳站，05 时最大，达 42.4 mm·h^{-1}（图 2.127）。

【天气形势和对流潜势】500 hPa 西风带呈"一槽（涡）一脊"的环流形势，贝加尔湖以东为强大的高压脊，影响我国东部地区的低涡中心位于黑龙江中部，副高偏东偏南，京津冀地区受低涡后部横槽控制，中部和南部处在偏西气流中。在对流层低层，京津冀地区南部处在切变线附近，在对流层高层，位于 200 hPa 高空急流出口区左侧；京津冀地区中部和南部水汽条件（925 hPa 比湿＞12 g·kg^{-1}）和暖平流条件（约 6×10^{-5} K·s^{-1}）较好，有显著的水汽辐合区（图 2.128）。30 日京津冀地区南部和中部 K 指数约 35 ℃，假相当位温约 335 K；低层辐合区、高层辐散区与暴雨落区的对应关系较好，南部和中部暴雨区附近有上升运动的强中心（＞-40×10^{-2} Pa·s^{-1}），29 日下午南部地区部 CAPE 累计大于 2000 J·kg^{-1}（图 2.129），31 日低层辐合区和高层辐散区均向东移动，对应东南部暴雨落区，中部和南部 CAPE 持续高于 1000 J·kg^{-1}。受到高低层动力配合,低层饱和水汽以及较好的能量配合,30 日下午对流云团在京津冀地区中部、南部强烈发展加强(图 2.130),京津冀地区中部和南部出现区域性暴雨。

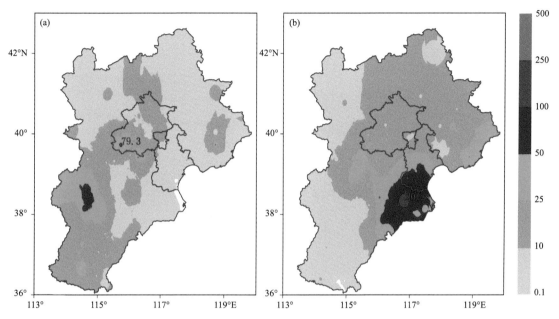

图 2.126　2015 年 8 月 30 日(a)和 31 日(b)京津冀地区降水量分布(单位:mm)

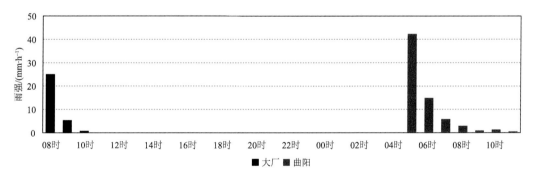

图 2.127　2015 年 8 月 30 日 08 时—31 日 11 时大厂站和曲阳站雨强

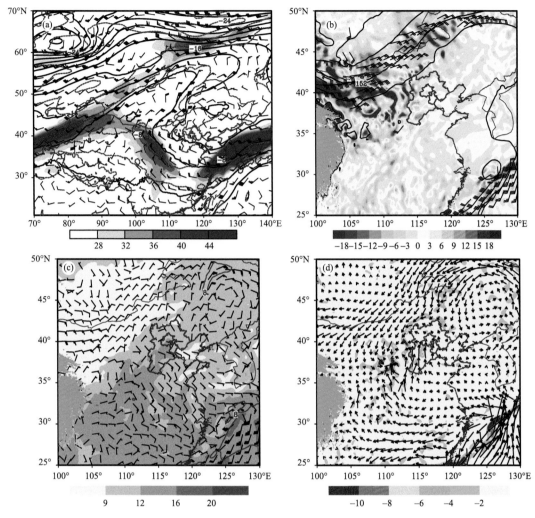

图 2.128　2015 年 8 月 30 日 17 时环流形势

(a)200 hPa 高空急流(填色,水平风速≥28 m・s⁻¹,单位:m・s⁻¹),500 hPa 位势高度场(黑色实线,单位:dagpm),500 hPa 温度场(红色虚线,单位:℃),500 hPa 风场(黑色箭头,单位:m・s⁻¹);(b)850 hPa 温度平流(填色,单位:10⁻⁵ K・s⁻¹),850 hPa 水平风速≥8 m・s⁻¹(风标,单位:m・s⁻¹);(c)925 hPa 比湿(填色,单位:g・kg⁻¹),925 hPa 风场(风标,单位:m・s⁻¹,蓝色实线为风速 8 m・s⁻¹);(d)整层水汽通量散度(填色,单位:10⁻³ g・(m²・s)⁻¹),整层水汽通量(黑色箭头,单位:1×10³ g・(m・s)⁻¹)

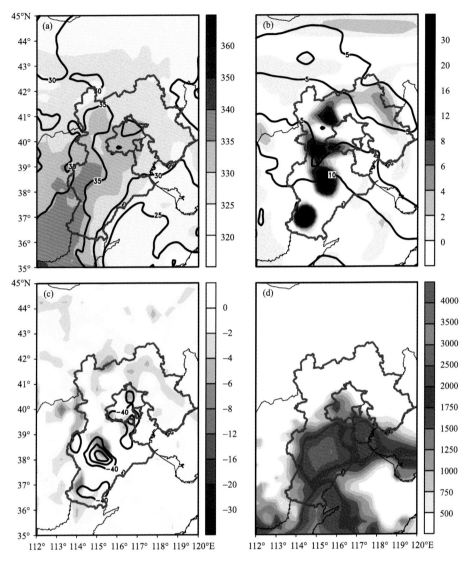

图 2.129　2015 年 8 月 30 日对流潜势

30 日 08 时(a)K 指数(黑色等值线,单位:℃,间隔:5 ℃)和假相当位温(填色,单位:K);(b)200 hPa 高空辐散场(填色,单位:10^{-5} s^{-1})和 500 hPa、850 hPa 之间垂直风切变(黑色等值线,单位:m·s^{-1},间隔:5 m·s^{-1});(c)850 hPa 高空辐合场(填色,单位:10^{-5} s^{-1})和 850 hPa 垂直速度(黑色等值线,单位:10^{-2} Pa·s^{-1},间隔:40×10^{-2} Pa·s^{-1});29 日 14 时(d)对流有效位能(填色,单位:J·kg^{-1})

图 2.130　2015 年 8 月 30 日 16 时 00 分 FY-2G 红外云图(单位:K)

2.27　2016 年 6 月 13 日京津冀地区东部局地暴雨

【降雨实况】2016 年 6 月 13 日京津冀地区东部出现局地暴雨,最大日累计降水量达 99.6 mm (图 2.131)。国家站中最大雨强出现在吴桥站,15 时最大,达 32.4 mm·h^{-1}(图 2.132)。

【天气形势和对流潜势】500 hPa 西风带呈"一槽(涡)一脊"的环流形势,影响中国东部的冷涡中心位于内蒙古中部,京津冀地区位于冷涡前部偏南气流中;副高位于 20°N 以南海面上。冷涡为深厚系统,在对流层低层,冷涡位置与 500 hPa 接近,京津冀地区位于其前部偏南低空急流的出口区左侧,同时受到 200 hPa 高空急流出口区左侧强上升区的影响,动力条件强大深厚。同时北部、东部 925 hPa 比湿超过 12 g·kg^{-1},对流层低层水汽充沛,且从整层的水汽输送来看,东部是输送和辐合的强中心;低层暖平流中心(15×10^{-5} K·s^{-1})与暴雨区有较好的对应关系(图 2.133)。京津冀地区东部和北部局地 K 指数超过 35 ℃,低层假相当位温超过 335 K,且位于较强低层辐合、强 200 hPa 高空辐散区附近,东部有强上升运动中心,且垂直风切变超过 15 m·s^{-1}(图 2.134)。受其影响,6 月 13 日下午低涡云系前部的暖区中有对流云团发展加强(图 2.135),在京津冀地区东部局地出现暴雨。

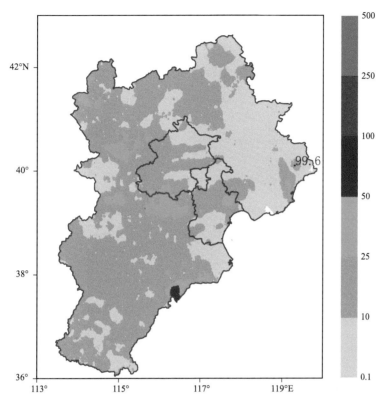

图 2.131　2016 年 6 月 13 日京津冀地区降水量分布(单位:mm)

图 2.132　2016 年 6 月 13 日 09—17 时吴桥站雨强

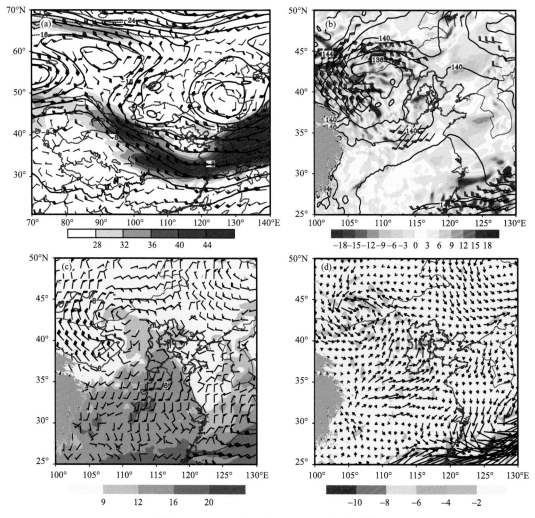

图 2.133　2016 年 6 月 13 日 09 时环流形势

(a)200 hPa 高空急流(填色,水平风速≥28 m·s⁻¹,单位:m·s⁻¹),500 hPa 位势高度场(黑色实线,单位:
dagpm),500 hPa 温度场(红色虚线,单位:℃),500 hPa 风场(黑色箭头,单位:m·s⁻¹);(b)850 hPa 温度平
流(填色,单位:10⁻⁵ K·s⁻¹),850 hPa 水平风速≥8 m·s⁻¹(风标,单位:m·s⁻¹);(c)925 hPa 比湿(填色,
单位:g·kg⁻¹),925 hPa 风场(风标,单位:m·s⁻¹,蓝色实线为风速 8 m·s⁻¹);(d)整层水汽通量散度(填
色,单位:10⁻³ g·(m²·s)⁻¹),整层水汽通量(黑色箭头,单位:1×10³ g·(m·s)⁻¹)

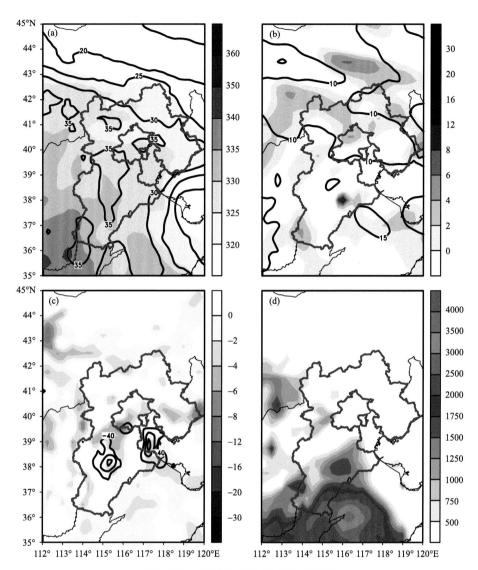

图 2.134　2016 年 6 月 13 日对流潜势

13 日 09 时(a)K 指数(黑色等值线,单位:℃,间隔:5 ℃)和假相当位温(填色,单位:K);(b)200 hPa 高空辐散场(填色,单位:10^{-5} s^{-1})和 500 hPa、850 hPa 之间垂直风切变(黑色等值线,单位:m·s^{-1},间隔:5 m·s^{-1});(c)850 hPa 高空辐合场(填色,单位:10^{-5} s^{-1})和 850 hPa 垂直速度(黑色等值线,单位:10^{-2} Pa·s^{-1},间隔:40×10^{-2}Pa·s^{-1});12 日 15 时(d)对流有效位能(填色,单位:J·kg^{-1})

图 2.135　2016 年 6 月 13 日 15 时 00 分 FY-2G 红外云图(单位:K)

2.28　2016 年 6 月 22 日京津冀地区南部局地暴雨

【降雨实况】2016 年 6 月 22 日京津冀地区南部出现局地暴雨,最大日累计降水量达 70.7 mm (图 2.136)。国家站中最大雨强出现在武邑站,23 日 05 时最大,达 37.9 mm·h^{-1}(图 2.137)。

【天气形势和对流潜势】500 hPa 西风带呈"一槽(涡)一脊"的环流形势,影响中国的冷槽位于内蒙古东部,京津冀地区位于冷槽底部偏西气流中;副高位于 20°N 以南海面上。冷槽为深厚系统,在对流层低层其位置较 500 hPa 偏南,京津冀地区位于低槽/切变附近的辐合上升运动区。从急流条件来看,京津冀位于 200 hPa 高空急流和 850 hPa 低空急流出口区左侧,进一步加强了整层的辐合上升运动强度。同时南部、东部 925 hPa 比湿超过 12 g·kg^{-1},对流层低层水汽充沛;低层京津冀地区南部是冷暖平流交汇区域,对于产生局地暴雨更加有利(图 2.138)。京津冀地区东部和南部较大范围 K 指数超过 35 ℃,局地达 40 ℃以上;对流不稳定能量在东部、南部较大范围区域超过 2000 J·kg^{-1};南部低层假相当位温超过 350 K,且存在低层局地强辐合中心和上升运动中心,有利条件叠加。垂直风切变为 10～15 m·s^{-1},达到有利于出现短时强降水的中等强度(图 2.139)。受其影响,6 月 22 日傍晚高空槽云系前部的暖区中有对流云团发展加强(图 2.140),在京津冀地区南部局地出现暴雨。

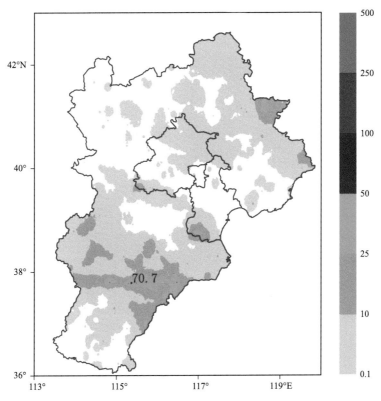

图 2.136　2016 年 6 月 22 日京津冀地区降水量分布(单位:mm)

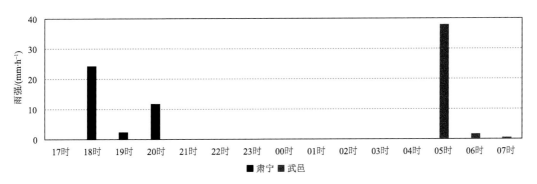

图 2.137　2016 年 6 月 22 日 17 时—23 日 07 时肃宁站和武邑站雨强

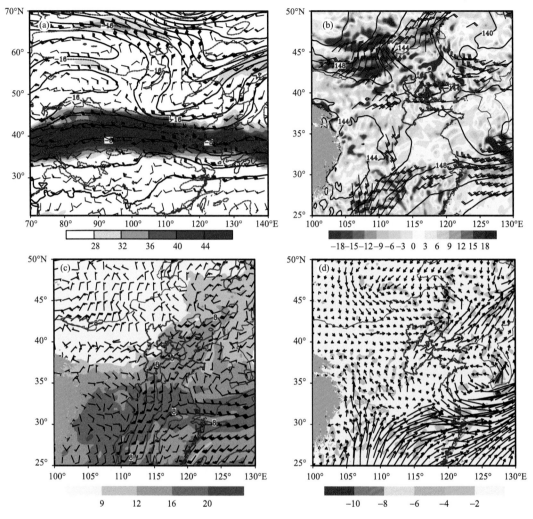

图 2.138 2016 年 6 月 22 日 14 时环流形势

(a)200 hPa 高空急流(填色,水平风速≥28 m·s⁻¹,单位:m·s⁻¹),500 hPa 位势高度场(黑色实线,单位:dagpm),500 hPa 温度场(红色虚线,单位:℃),500 hPa 风场(黑色箭头,单位:m·s⁻¹);(b)850 hPa 温度平流(填色,单位:10⁻⁵ K·s⁻¹),850 hPa 水平风速≥8 m·s⁻¹(风标,单位:m·s⁻¹);(c)925 hPa 比湿(填色,单位:g·kg⁻¹),925 hPa 风场(风标,单位:m·s⁻¹,蓝色实线为风速 8 m·s⁻¹);(d)整层水汽通量散度(填色,单位:10⁻³ g·(m²·s)⁻¹),整层水汽通量(黑色箭头,单位:1×10³ g·(m·s)⁻¹)

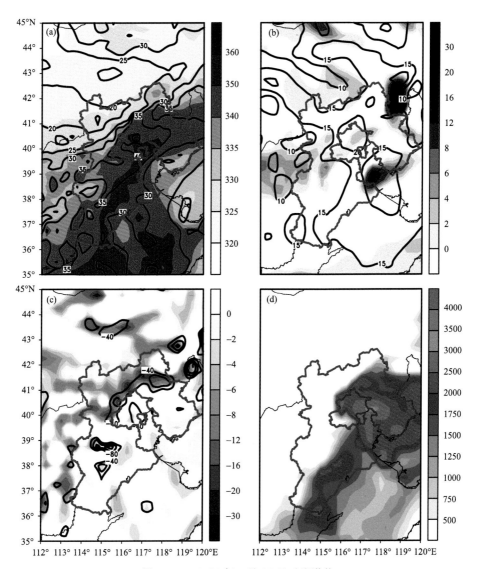

图 2.139　2016 年 6 月 22 日对流潜势

22 日 17 时(a)K 指数(黑色等值线,单位:℃,间隔:5 ℃)和假相当位温(填色,单位:K);(b)200 hPa 高空辐散场(填色,单位:10^{-5} s^{-1})和 500 hPa、850 hPa 之间垂直风切变(黑色等值线,单位:m·s^{-1},间隔:5 m·s^{-1});(c)850 hPa 高空辐合场(填色,单位:10^{-5} s^{-1})和 850 hPa 垂直速度(黑色等值线,单位:10^{-2} Pa·s^{-1},间隔:40×10^{-2} Pa·s^{-1});21 日 23 时(d)对流有效位能(填色,单位:J·kg^{-1})

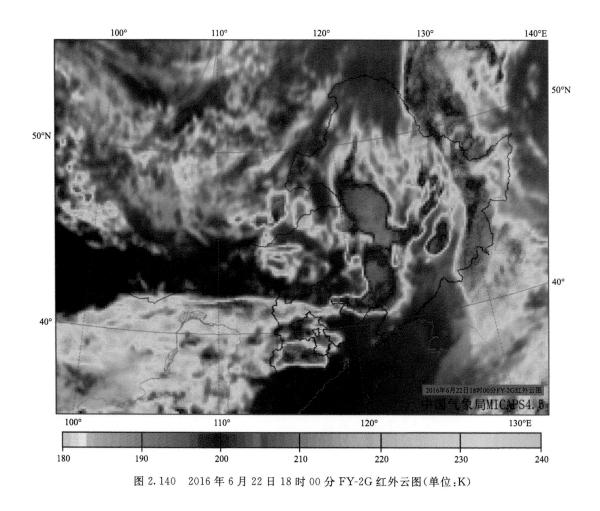

图 2.140　2016 年 6 月 22 日 18 时 00 分 FY-2G 红外云图(单位:K)

2.29　2016 年 6 月 27 日京津冀地区西部、中部局地暴雨

【降雨实况】2016 年 6 月 27 日京津冀地区西部、中部出现局地暴雨,最大日累计降水量达 103.4 mm(图 2.141)。国家站中最大雨强出现在涿鹿站,14 时最大,达 29.2 mm·h^{-1}(图 2.142)。

【天气形势和对流潜势】500 hPa 西风带呈"两槽(涡)两脊"的环流形势,影响中国东部的 冷涡中心位于蒙古国东部和我国内蒙古中北部交界附近;副高位于 20°N 附近海面上。冷涡 为深厚系统,在对流层低层,冷涡位置较 500 hPa 偏北,系统有明显的前倾结构,京津冀位于整 层系统的东侧偏南气流中,对产生相对较大范围的对流性降水有利。京津冀地区位于高、低空 急流的出口区左侧,进一步加强了深厚上升运动。同时几乎全区域 925 hPa 比湿均超过 9 g·kg^{-1},对流层低层水汽充沛;中部和西部是冷暖平流交汇处,较好的热力条件对产生局地 暴雨更加有利(图 2.143)。京津冀中部和西部附近对流不稳定能量充沛,达 1000 J·kg^{-1}以上; 暴雨区与 200 hPa 高空辐散对应较好,附近有强上升运动中心;垂直风切变 10~15 m·s^{-1},也 有利于较强局地深对流的发展(图 2.144)。受其影响,6 月 27 日夜间京津冀地区中部、西部有 较大范围的对流云团发展加强产生暴雨(图 2.145)。

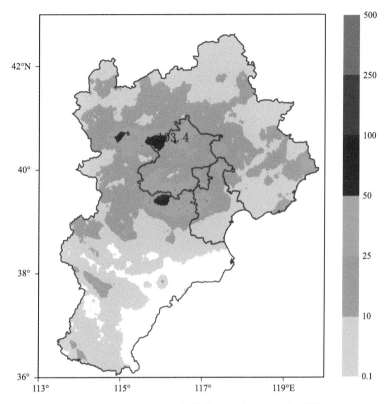

图 2.141　2016 年 6 月 27 日京津冀地区降水量分布(单位:mm)

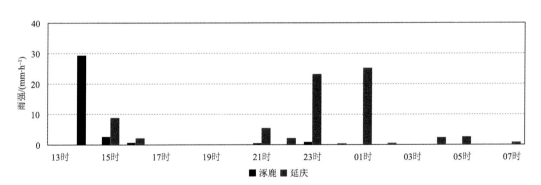

图 2.142　2016 年 6 月 27 日 13 时—28 日 07 时涿鹿站和延庆站雨强

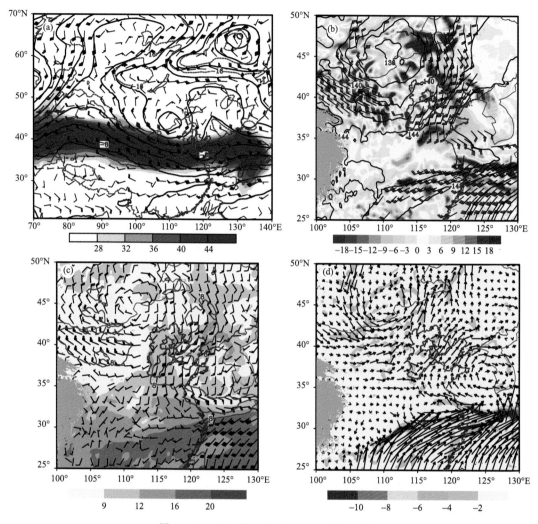

图 2.143　2016 年 6 月 27 日 08 时环流形势

(a)200 hPa 高空急流(填色,水平风速≥28 m・s^{-1},单位:m・s^{-1}),500 hPa 位势高度场(黑色实线,单位:dagpm),500 hPa 温度场(红色虚线,单位:℃),500 hPa 风场(黑色箭头,单位:m・s^{-1});(b)850 hPa 温度平流(填色,单位:10^{-5} K・s^{-1}),850 hPa 水平风速≥8 m・s^{-1}(风标,单位:m・s^{-1});(c)925 hPa 比湿(填色,单位:g・kg^{-1}),925 hPa 风场(风标,单位:m・s^{-1},蓝色实线为风速 8 m・s^{-1});(d)整层水汽通量散度(填色,单位:10^{-3} g・(m^2・s)$^{-1}$),整层水汽通量(黑色箭头,单位:1×10^3 g・(m・s)$^{-1}$)

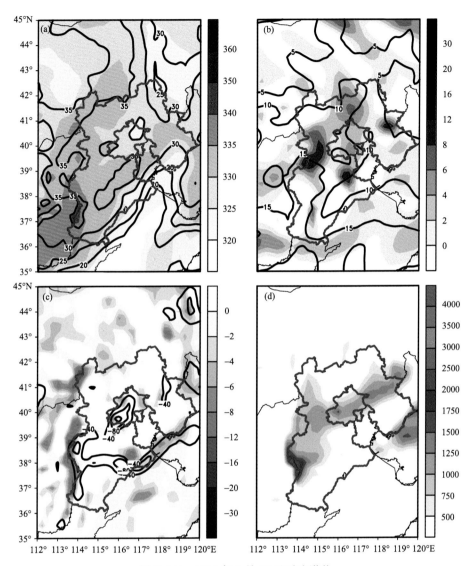

图 2.144   2016 年 6 月 27 日对流潜势

27 日 11 时(a)K 指数(黑色等值线,单位:℃,间隔:5 ℃)和假相当位温(填色,单位:K);(b)200 hPa 高空辐散场(填色,单位:10^{-5} s^{-1})和 500 hPa、850 hPa 之间垂直风切变(黑色等值线,单位:m·s^{-1},间隔:5 m·s^{-1});(c)850 hPa 高空辐合场(填色,单位:10^{-5} s^{-1})和 850 hPa 垂直速度(黑色等值线,单位:10^{-2} Pa·s^{-1},间隔:40×10^{-2} Pa·s^{-1});26 日 17 时(d)对流有效位能(填色,单位:J·kg^{-1})

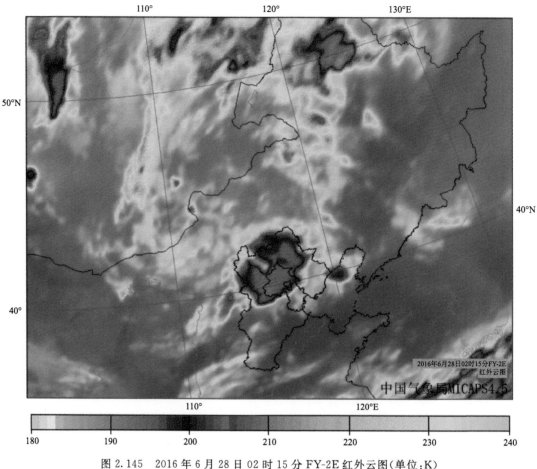

图 2.145 2016 年 6 月 28 日 02 时 15 分 FY-2E 红外云图(单位:K)

2.30 2016 年 6 月 28 日京津冀地区东部暴雨

【降雨实况】2016 年 6 月 28 日京津冀地区东部出现暴雨,最大日累计降水量达 95.7 mm (图 2.146)。国家站中最大雨强出现在尚义站,17 时最大,达 28.6 mm · h^{-1}(图 2.147)。

【天气形势和对流潜势】500 hPa 西风带呈多波型的环流形势,影响中国东部的冷涡中心位于蒙古国东部和中国内蒙古中北部交界附近,京津冀地区位于冷涡底部、前部;副高位于 25°N 附近海面上。冷涡为深厚系统,在对流层低层,冷涡位置较 500 hPa 偏北,系统有明显的前倾结构,京津冀位于整层系统的东侧偏南气流中,对产生相对较大范围的对流性降水有利。京津冀地区位于高、低空急流的出口区左侧,进一步加强了深厚上升运动。同时几乎全区域 925 hPa 比湿均超过 9 g · kg^{-1},对流层低层水汽充沛,其中东部的整层水汽通量辐合相对更强;东部也是冷平流和强暖平流交汇处,较好的热力条件对产生暴雨更加有利(图 2.148)。整体来看,暴雨区与 200 hPa 高空辐散区对应较好,附近有强上升运动中心;垂直风切变为 10~15 m · s^{-1},有利于较强深对流的发展(图 2.149)。受其影响,6 月 27 日下午到傍晚京津冀有较大范围的对流云团发展加强产生暴雨(图 2.150)。

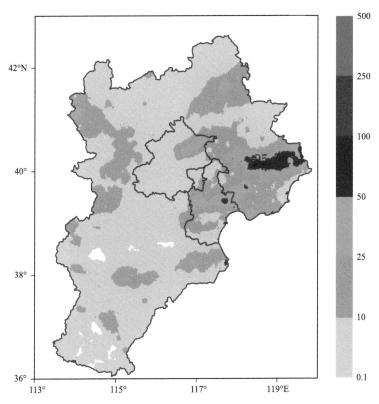

图 2.146　2016 年 6 月 28 日京津冀地区降水量分布(单位:mm)

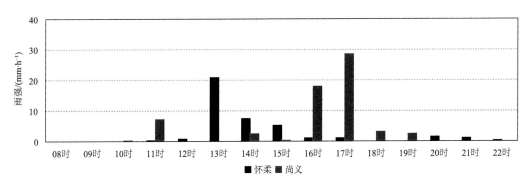

图 2.147　2016 年 6 月 28 日 08—22 时怀柔站和尚义站雨强

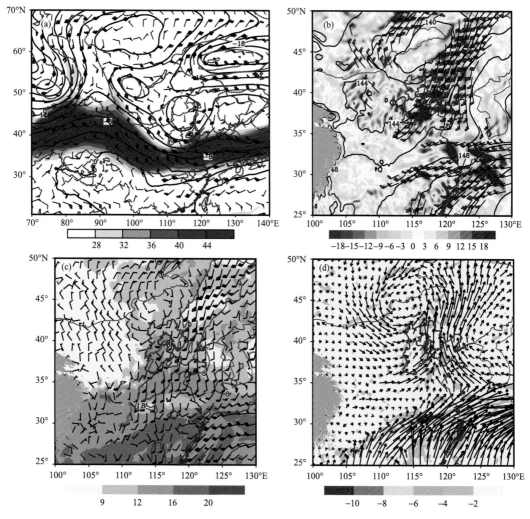

图 2.148　2016 年 6 月 28 日 11 时环流形势

(a)200 hPa 高空急流(填色,水平风速≥28 m·s⁻¹,单位:m·s⁻¹),500 hPa 位势高度场(黑色实线,单位:dagpm),500 hPa 温度场(红色虚线,单位:℃),500 hPa 风场(黑色箭头,单位:m·s⁻¹);(b)850 hPa 温度平流(填色,单位:10⁻⁵ K·s⁻¹),850 hPa 水平风速≥8 m·s⁻¹(风标,单位:m·s⁻¹);(c)925 hPa 比湿(填色,单位:g·kg⁻¹),925 hPa 风场(风标,单位:m·s⁻¹,蓝色实线为风速 8 m·s⁻¹);(d)整层水汽通量散度(填色,单位:10⁻³ g·(m²·s)⁻¹),整层水汽通量(黑色箭头,单位:1×10³ g·(m·s)⁻¹)

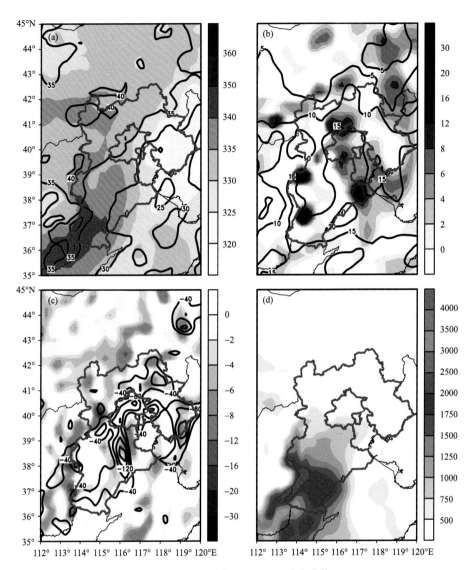

图 2.149　2016 年 6 月 28 日对流潜势

28 日 13 时(a)K 指数(黑色等值线,单位:℃,间隔:5 ℃)和假相当位温(填色,单位:K);(b)200 hPa 高空辐散场(填色,单位:$10^{-5}\ s^{-1}$)和 500 hPa、850 hPa 之间垂直风切变(黑色等值线,单位:m·s^{-1},间隔:5 m·s^{-1});(c)850 hPa 高空辐合场(填色,单位:$10^{-5}\ s^{-1}$)和 850 hPa 垂直速度(黑色等值线,单位:10^{-2} Pa·s^{-1},间隔:40×10^{-2} Pa·s^{-1});27 日 19 时(d)对流有效位能(填色,单位:J·kg^{-1})

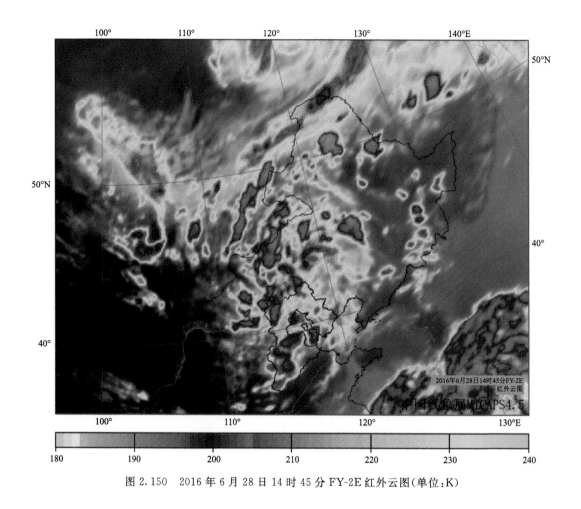

图 2.150　2016 年 6 月 28 日 14 时 45 分 FY-2E 红外云图(单位:K)

2.31　2016 年 6 月 29 日京津冀地区西北部局地暴雨

【降雨实况】2016 年 6 月 29 日京津冀地区西北部出现局地暴雨,最大日累计降水量达 69.7 mm(图 2.151)。国家站中最大雨强出现在赤城站,15 时达最大,60.1 mm·h^{-1}(图 2.152)。

【天气形势和对流潜势】500 hPa 西风带呈"一槽(涡)一脊"的环流形势,影响中国东部的冷涡中心位于内蒙古北部,京津冀地区位于冷涡前部偏南气流中;副高位于 30°N 附近海面上。冷涡为深厚系统,在对流层低层其位置与 500 hPa 接近;与此同时,京津冀地区位于 200 hPa 高空急流出口区左侧,整层的天气尺度动力抬升条件较强。几乎全区域的 925 hPa 比湿超过 9 g·kg^{-1},对流层低层水汽充沛,且在西北部局地有较强的水汽通量辐合中心;西北部有强冷暖平流交汇,热力条件对局地对流发展有利(图 2.153)。京津冀低层假相当位温超过 335 K,西北部对流不稳定能量超过 1000 J·kg^{-1},且位于强低层辐合、较强 200 hPa 高空辐散区附近(图 2.154)。受其影响,6 月 29 日下午京津冀地区西部有较大范围的对流云团发展加强(图 2.155),并在西北部局地出现暴雨。

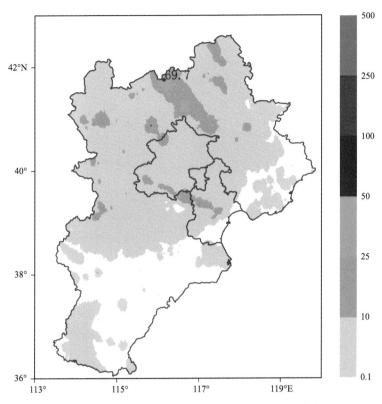

图 2.151　2016 年 6 月 29 日京津冀地区降水量分布（单位：mm）

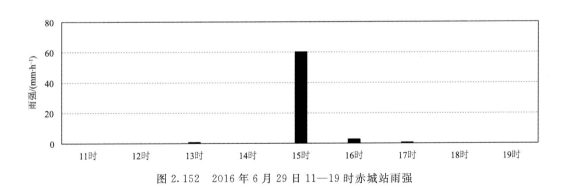

图 2.152　2016 年 6 月 29 日 11—19 时赤城站雨强

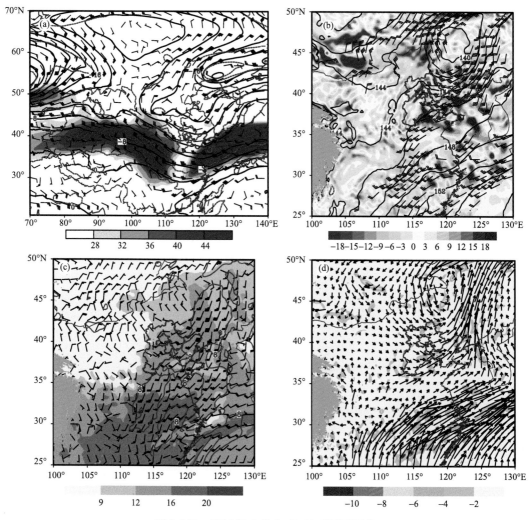

图 2.153 2016 年 6 月 29 日 11 时环流形势

(a)200 hPa 高空急流(填色,水平风速≥28 m·s⁻¹,单位:m·s⁻¹),500 hPa 位势高度场(黑色实线,单位:dagpm),500 hPa 温度场(红色虚线,单位:℃),500 hPa 风场(黑色箭头,单位:m·s⁻¹);(b)850 hPa 温度平流(填色,单位:10⁻⁵ K·s⁻¹),850 hPa 水平风速≥8 m·s⁻¹(风标,单位:m·s⁻¹);(c)925 hPa 比湿(填色,单位:g·kg⁻¹),925 hPa 风场(风标,单位:m·s⁻¹,蓝色实线为风速 8 m·s⁻¹);(d)整层水汽通量散度(填色,单位:10⁻³ g·(m²·s)⁻¹),整层水汽通量(黑色箭头,单位:1×10³ g·(m·s)⁻¹)

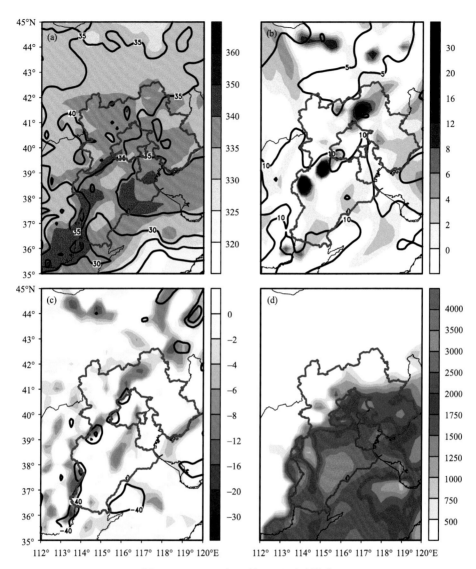

图 2.154　2016 年 6 月 29 日对流潜势

29 日 13 时(a)K 指数(黑色等值线,单位:℃,间隔:5 ℃)和假相当位温(填色,单位:K);(b)200 hPa 高空辐散场(填色,单位:10^{-5} s^{-1})和 500 hPa、850 hPa 之间垂直风切变(黑色等值线,单位:m·s^{-1},间隔:5 m·s^{-1});(c)850 hPa 高空辐合场(填色,单位:10^{-5} s^{-1})和 850 hPa 垂直速度(黑色等值线,单位:10^{-2} Pa·s^{-1},间隔:40×10^{-2} Pa·s^{-1});28 日 19 时(d)对流有效位能(填色,单位:J·kg^{-1})

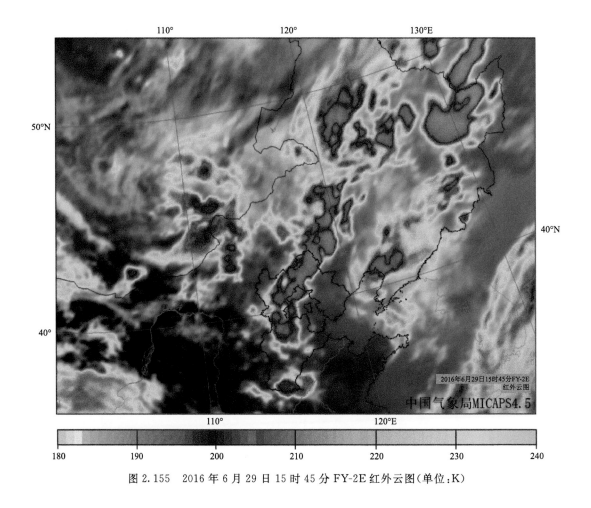

图 2.155 2016 年 6 月 29 日 15 时 45 分 FY-2E 红外云图(单位:K)

2.32 2016 年 6 月 30 日京津冀地区东部局地暴雨

【降雨实况】2016 年 6 月 30 日京津冀地区东部出现局地暴雨,最大日累计降水量达 99.4 mm (图 2.156)。国家站中最大雨强出现在东光站,13 时最大,达 46 mm·h^{-1}(图 2.157)。

【天气形势和对流潜势】500 hPa 西风带呈"两槽(涡)一脊"的环流形势,影响中国东部的冷涡中心位于内蒙古北部,京津冀地区位于冷涡底部偏西气流中;副高位于 30°N 附近海面上。冷涡为深厚系统,在对流层低层其位置较 500 hPa 偏南,京津冀位于低层切变的辐合区附近;与此同时,京津冀地区位于 200 hPa 高空急流出口区左侧,整层的天气尺度动力抬升条件较强。南部 925 hPa 比湿超过 9 g·kg^{-1},对流层低层水汽充沛,且在南部局地有较强的水汽通量辐合中心(图 2.158)。京津冀地区南部低层假相当位温超过 340 K,CAPE 超过 3500 J·kg^{-1},且位于较强 200 hPa 高空辐散区附近(图 2.159)。受其影响,6 月 30 日下午至前半夜京津冀地区东部有对流云团发展加强,并在东部局地产生暴雨(图 2.160)。

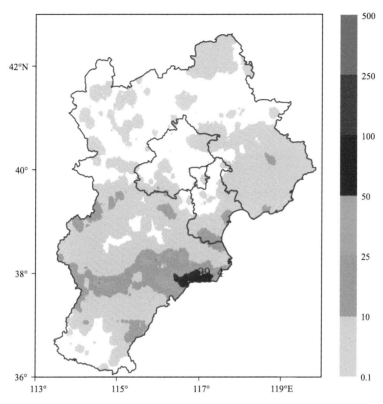

图 2.156　2016 年 6 月 30 日京津冀地区降水量分布(单位:mm)

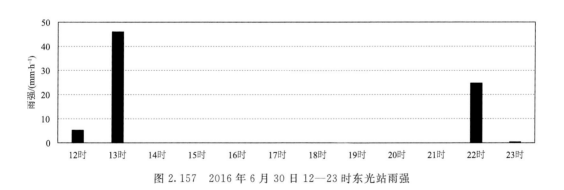

图 2.157　2016 年 6 月 30 日 12—23 时东光站雨强

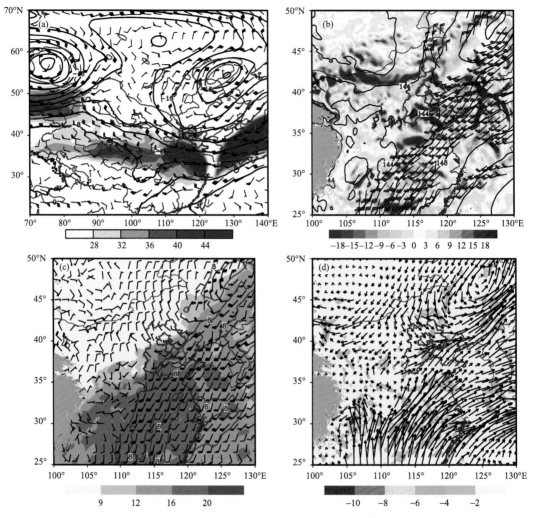

图 2.158　2016 年 6 月 30 日 08 时环流形势

(a)200 hPa 高空急流(填色,水平风速≥28 m·s⁻¹,单位:m·s⁻¹),500 hPa 位势高度场(黑色实线,单位:dagpm),500 hPa 温度场(红色虚线,单位:℃),500 hPa 风场(黑色箭头,单位:m·s⁻¹);(b)850 hPa 温度平流(填色,单位:10⁻⁵ K·s⁻¹),850 hPa 水平风速≥8 m·s⁻¹(风标,单位:m·s⁻¹);(c)925 hPa 比湿(填色,单位:g·kg⁻¹),925 hPa 风场(风标,单位:m·s⁻¹,蓝色实线为风速 8 m·s⁻¹);(d)整层水汽通量散度(填色,单位:10⁻³ g·(m²·s)⁻¹),整层水汽通量(黑色箭头,单位:1×10³ g·(m·s)⁻¹)

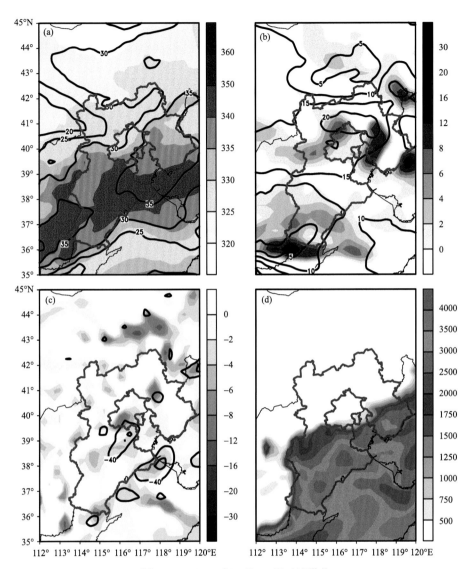

图 2.159　2016 年 6 月 30 日对流潜势

30 日 09 时(a)K 指数(黑色等值线,单位:℃,间隔:5 ℃)和假相当位温(填色,单位:K);(b)200 hPa 高空辐散场(填色,单位:10^{-5} s^{-1})和 500 hPa、850 hPa 之间垂直风切变(黑色等值线,单位:m・s^{-1},间隔:5 m・s^{-1});(c)850 hPa 高空辐合场(填色,单位:10^{-5} s^{-1})和 850 hPa 垂直速度(黑色等值线,单位:10^{-2} Pa・s^{-1},间隔:$40×10^{-2}$ Pa・s^{-1});29 日 15 时(d)对流有效位能(填色,单位:J・kg^{-1})

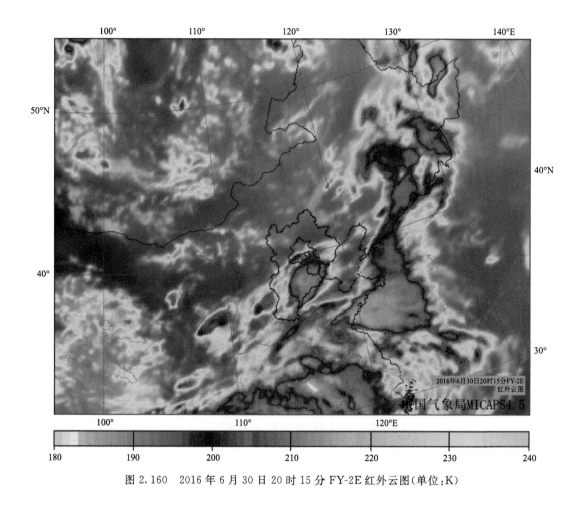

图 2.160　2016 年 6 月 30 日 20 时 15 分 FY-2E 红外云图(单位:K)

2.33　2017 年 6 月 23 日京津冀地区北部、东部暴雨

【降雨实况】2017 年 6 月 23 日京津冀地区北部、东部出现暴雨,最大日累计降水量达 120.3 mm(图 2.161)。国家站中最大雨强出现在丰润站,10 时最大,达 48.2 mm·h^{-1},此外, 通州站 10 时雨强达到 29.3 mm·h^{-1}(图 2.162)。

【天气形势和对流潜势】500 hPa 西风带呈"一槽(涡)一脊"的环流形势,影响中国东部的 冷涡中心位于内蒙古中部,京津冀地区位于冷涡前部偏南气流中;副高位于 20°N 以南海面 上。冷涡为深厚系统,在对流层低层,冷涡位置与 500 hPa 接近,京津冀地区位于其前部偏南 低空急流的出口区左侧,同时受到 200 hPa 高空急流出口区左侧强上升区的影响,动力条件强 大深厚。同时北部、东部 925 hPa 比湿超过 12 g·kg^{-1},对流层低层水汽充沛,且从整层的水 汽输送来看,东部是输送和辐合的强中心;低层暖平流中心(15×10^{-5} K·s^{-1})与暴雨区有较 好的对应关系(图 2.163)。京津冀地区东部和北部局地 K 指数超过 35 ℃,低层假相当位温超 过 335 K,且位于较强低层辐合、强 200 hPa 高空辐散区附近,东部有强上升运动中心,且垂直 风切变超过 15 m·s^{-1}(图 2.164)。受到低涡动力抬升、中层暖湿气流、低层饱和水汽的影响, 6 月 23 日早晨对流云团在京津冀地区中部逐渐发展,逐渐影响京津冀大部分地区(图 2.165),

使得京津冀地区东部、北部出现暴雨。

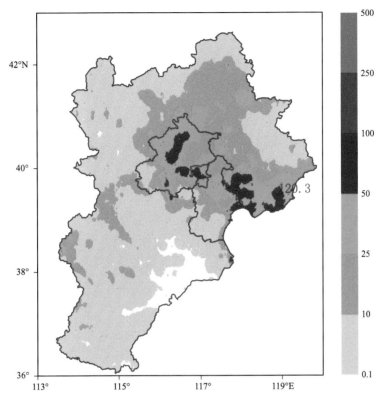

图 2.161　2017 年 6 月 23 日京津冀地区降水量分布（单位：mm）

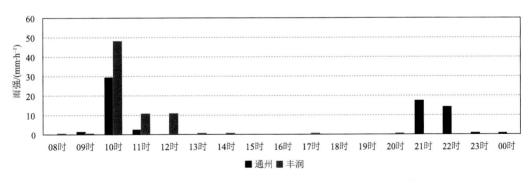

图 2.162　2017 年 6 月 23 日 08 时—24 日 00 时通州站和丰润站雨强

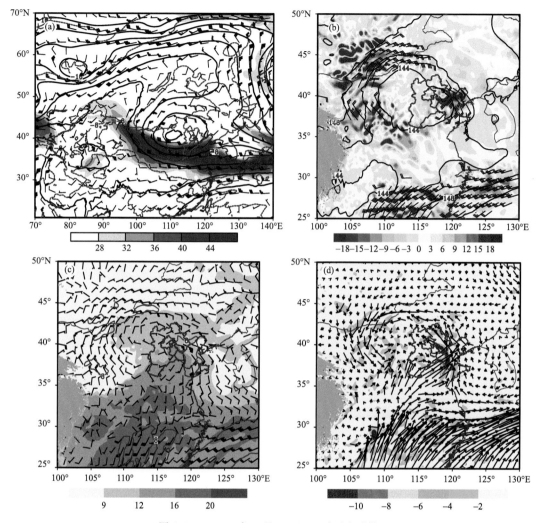

图 2.163　2017 年 6 月 23 日 04 时环流形势

(a)200 hPa 高空急流(填色,水平风速≥28 m·s⁻¹,单位:m·s⁻¹),500 hPa 位势高度场(黑色实线,单位:dagpm),500 hPa 温度场(红色虚线,单位:℃),500 hPa 风场(黑色箭头,单位:m·s⁻¹);(b)850 hPa 温度平流(填色,单位:10⁻⁵ K·s⁻¹),850 hPa 水平风速≥8 m·s⁻¹(风标,单位:m·s⁻¹);(c)925 hPa 比湿(填色,单位:g·kg⁻¹),925 hPa 风场(风标,单位:m·s⁻¹,蓝色实线为风速 8 m·s⁻¹);(d)整层水汽通量散度(填色,单位:10⁻³ g·(m²·s)⁻¹),整层水汽通量(黑色箭头,单位:1×10³ g·(m·s)⁻¹)

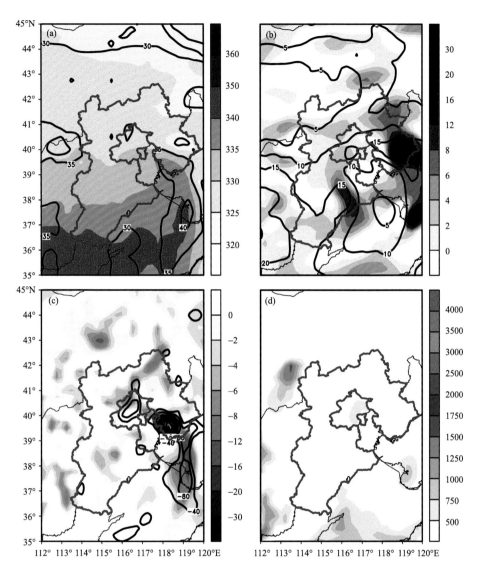

图 2.164　2017 年 6 月 23 日对流潜势

23 日 05 时(a)K 指数(黑色等值线,单位:℃,间隔:5 ℃)和假相当位温(填色,单位:K);(b)200 hPa 高空辐散场(填色,单位:10^{-5} s^{-1})和 500 hPa、850 hPa 之间垂直风切变(黑色等值线,单位:m·s^{-1},间隔:5 m·s^{-1});(c)850 hPa 高空辐合场(填色,单位:10^{-5} s^{-1})和 850 hPa 垂直速度(黑色等值线,单位:10^{-2} Pa·s^{-1},间隔:40×10^{-2} Pa·s^{-1});22 日 11 时(d)对流有效位能(填色,单位:J·kg^{-1})

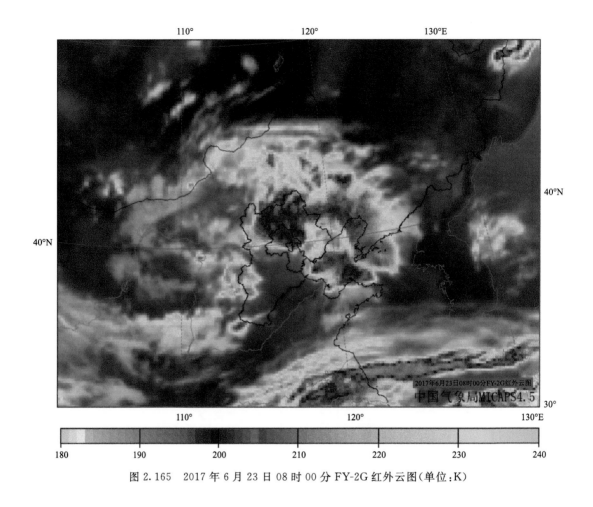

图 2.165 2017 年 6 月 23 日 08 时 00 分 FY-2G 红外云图(单位:K)

2.34 2017 年 8 月 5 日京津冀地区东部局地暴雨

【降雨实况】2017 年 8 月 5 日京津冀地区东部出现局地暴雨,最大日累计降水量达 99.1 mm (图 2.166)。国家站中最大雨强出现在大港站,14 时最大,达 50.6 mm·h^{-1}(图 2.167)。

【天气形势和对流潜势】500 hPa 西风带呈"一槽(涡)一脊"的环流形势,影响中国东部的冷涡中心位于蒙古国东部,京津冀地区位于冷涡前部和底部的西南气流中;副高位于 20°N 以南海面上;中国东海以东、副高以北洋面上有热带气旋活跃。冷涡为深厚系统,在对流层低层,冷涡位置与 500 hPa 接近,京津冀地区位于其前部偏南气流中,同时受到 200 hPa 高空急流入口区右侧的影响,动力条件较强且深厚。低层水汽条件充沛,925 hPa 比湿超过 12 g·kg^{-1},且从整层的水汽输送来看,东部局地是输送和辐合的强中心(图 2.168)。京津冀地区东部 K 指数超过 35 ℃,低层局地假相当位温超过 350 K,且位于 CAPE 大值中心区附近(超过 3500 J·kg^{-1})(图 2.169)。受其影响,8 月 5 日下午对流云团在京津冀地区东部发展明显(图 2.170),京津冀地区东部局地出现暴雨。

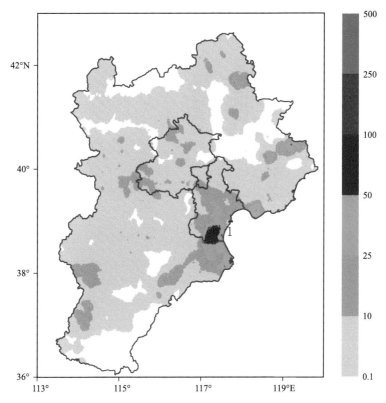

图 2.166　2017 年 8 月 5 日京津冀地区降水量分布(单位:mm)

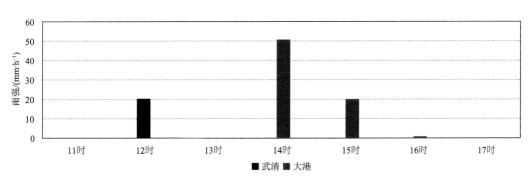

图 2.167　2017 年 8 月 5 日 11—17 时武清站和大港站雨强

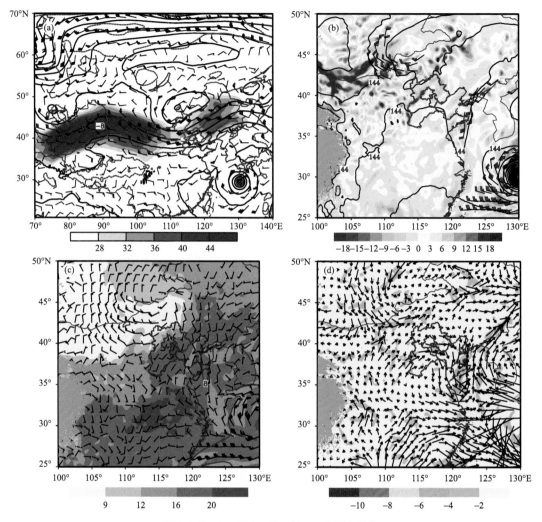

图2.168　2017年8月5日08时环流形势

(a)200 hPa高空急流(填色,水平风速≥28 m·s^{-1},单位:m·s^{-1}),500 hPa位势高度场(黑色实线,单位:dagpm),500 hPa温度场(红色虚线,单位:℃),500 hPa风场(黑色箭头,单位:m·s^{-1});(b)850 hPa温度平流(填色,单位:10^{-5} K·s^{-1}),850 hPa水平风速≥8 m·s^{-1}(风标,单位:m·s^{-1});(c)925 hPa比湿(填色,单位:g·kg^{-1}),925 hPa风场(风标,单位:m·s^{-1},蓝色实线为风速8 m·s^{-1});(d)整层水汽通量散度(填色,单位:10^{-3} g·(m^2·s)$^{-1}$),整层水汽通量(黑色箭头,单位:1×10^3 g·(m·s)$^{-1}$)

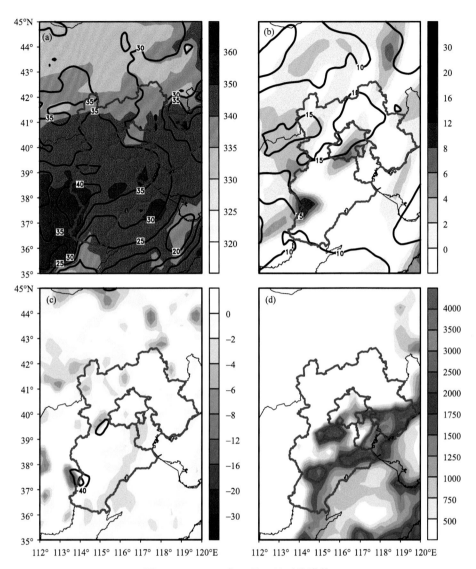

图 2.169　2017 年 8 月 5 日对流潜势

5 日 11 时(a)K 指数(黑色等值线,单位:℃,间隔:5 ℃)和假相当位温(填色,单位:K);(b)200 hPa 高空辐散
场(填色,单位:10^{-5} s^{-1})和 500 hPa、850 hPa 之间垂直风切变(黑色等值线,单位:m·s^{-1},间隔:5 m·s^{-1});
(c)850 hPa 高空辐合场(填色,单位:10^{-5} s^{-1})和 850 hPa 垂直速度(黑色等值线,单位:10^{-2} Pa·s^{-1},间
隔:$40×10^{-2}$ Pa·s^{-1});4 日 17 时(d)对流有效位能(填色,单位:J·kg^{-1})

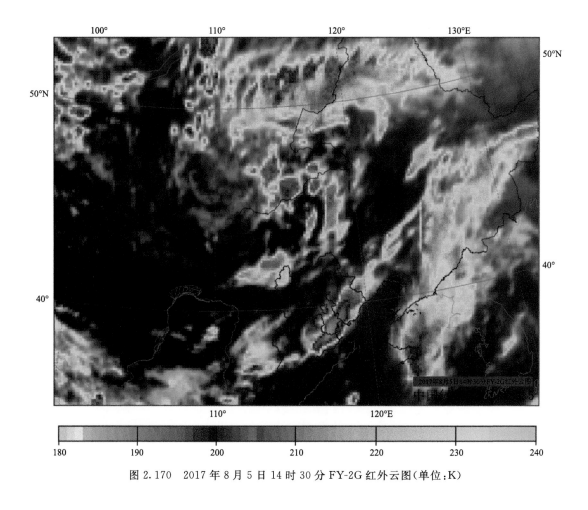

图 2.170　2017 年 8 月 5 日 14 时 30 分 FY-2G 红外云图(单位:K)

2.35　2017 年 8 月 8 日京津冀地区东部局地暴雨

【降雨实况】2017 年 8 月 8 日(图 2.171)京津冀地区东部出现局地暴雨,最大日累计降水量达 129.5 mm。国家站中最大雨强出现在北辰站,6 日 01 时最大,达 77.7 mm · h^{-1}(图 2.172)。

【天气形势和对流潜势】500 hPa 西风带呈"两槽(涡)一脊"的环流形势,影响中国东部的冷涡中心位于黑龙江—内蒙古北部,京津冀地区位于冷涡底部偏西气流中;副高位于 20°N 附近、台湾以东海面上。在对流层低层,京津冀地区位于东西向的低空切变南侧,为偏南气流控制;在对流层高层受到 200 hPa 高空急流出口区左侧的影响。低层水汽条件充沛,925 hPa 比湿超过 12 g · kg^{-1},且从整层的水汽输送来看,东部局地相对较强(图 2.173)。京津冀东部 K 指数超过 35 ℃,低层局地假相当位温超过 340 K,且位于 CAPE 大值中心区附近(超过 1750 J · kg^{-1});东部局地的高空辐散和低层辐合较强,且对应了局地的垂直上升运动大值区(图 2.174)。受其影响,8 月 8 日傍晚至夜间对流云团在京津冀地区中部偏东旺盛发展(图 2.175),京津冀地区东部局地出现暴雨。

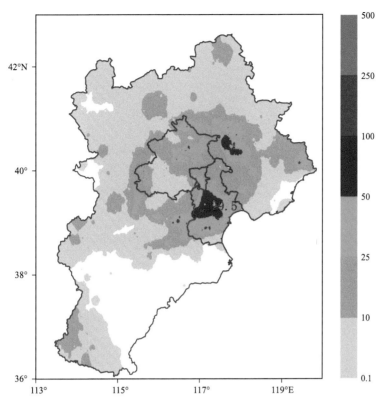

图 2.171　2017 年 8 月 8 日京津冀地区降水量分布(单位:mm)

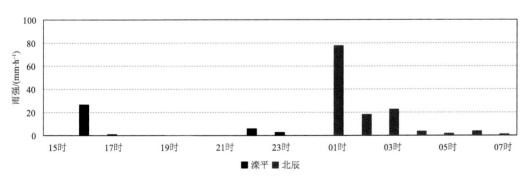

图 2.172　2017 年 8 月 8 日 15 时—9 日 07 时滦平站和北辰站雨强

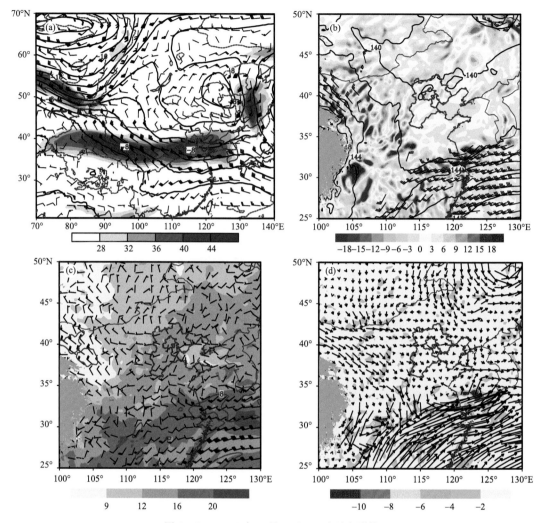

图 2.173　2017 年 8 月 8 日 11 时环流形势

(a)200 hPa 高空急流(填色,水平风速≥28 m·s⁻¹,单位:m·s⁻¹),500 hPa 位势高度场(黑色实线,单位:
dagpm),500 hPa 温度场(红色虚线,单位:℃),500 hPa 风场(黑色箭头,单位:m·s⁻¹);(b)850 hPa 温度平
流(填色,单位:10⁻⁵ K·s⁻¹),850 hPa 水平风速≥8 m·s⁻¹(风标,单位:m·s⁻¹);(c)925 hPa 比湿(填色,
单位:g·kg⁻¹),925 hPa 风场(风标,单位:m·s⁻¹,蓝色实线为风速 8 m·s⁻¹);(d)整层水汽通量散度(填
色,单位:10⁻³ g·(m²·s)⁻¹),整层水汽通量(黑色箭头,单位:1×10³ g·(m·s)⁻¹)

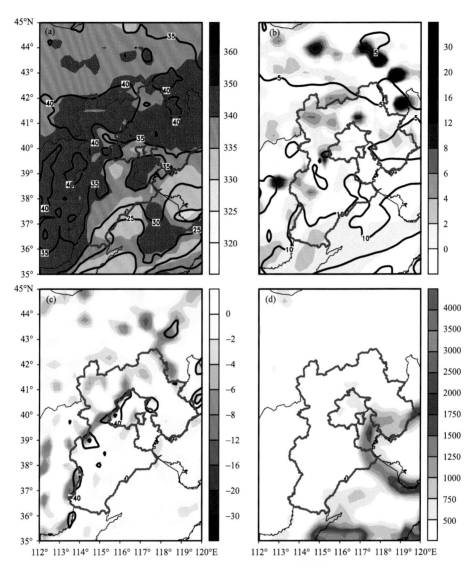

图 2.174　2017 年 8 月 8 日对流潜势

8 日 15 时(a)K 指数(黑色等值线,单位:℃,间隔:5 ℃)和假相当位温(填色,单位:K);(b)200 hPa 高空辐散场(填色,单位:10^{-5} s^{-1})和 500 hPa、850 hPa 之间垂直风切变(黑色等值线,单位:m·s^{-1},间隔:5 m·s^{-1});(c)850 hPa 高空辐合场(填色,单位:10^{-5} s^{-1})和 850 hPa 垂直速度(黑色等值线,单位:10^{-2} Pa·s^{-1},间隔:40×10^{-2} Pa·s^{-1});7 日 21 时(d)对流有效位能(填色,单位:J·kg^{-1})

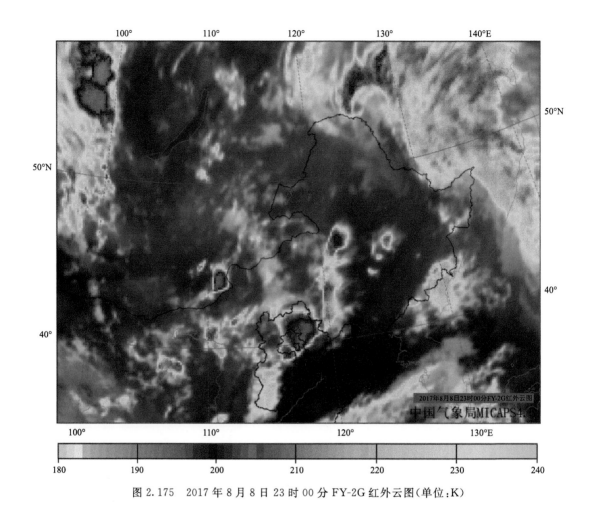

图 2.175　2017 年 8 月 8 日 23 时 00 分 FY-2G 红外云图（单位：K）

2.36　2017 年 8 月 11 日京津冀地区中东部局地暴雨

【降雨实况】2017 年 8 月 11 日京津冀地区中东部出现局地暴雨，最大日累计降水量达
139.2 mm（图 2.176）。国家站中最大雨强出现在三河站，22 时最大，达 54.3 mm·h⁻¹，该站
23 时雨强也较大，达到 31.8 mm·h⁻¹（图 2.177）。

【天气形势和对流潜势】500 hPa 西风带呈"两槽（涡）两脊"的环流形势，影响中国东部的
冷涡中心位于蒙古国东部，京津冀地区位于冷涡前部、底部西南气流中；副高位于 20°N 附近、
台湾以东海面上。冷涡为深厚系统，在对流层低层，冷涡位置与 500 hPa 接近，京津冀地区位
于其前部的低空急流出口区左侧。低层水汽条件充沛，925 hPa 比湿超过 16 g·kg⁻¹，且从整
层的水汽输送来看，中东部局地是输送的强中心；低层暖平流条件优越，超过 15×10⁻⁵ K·s⁻¹
（图 2.178）。京津冀地区中东部 K 指数超过 35 ℃，低层假相当位温超过 350 K，且位于 CAPE
大值中心区附近（超过 3000 J·kg⁻¹）。中东部具备优越的高层辐散和较好的低层辐合条件，
位于显著上升运动区中（图 2.179）。受低涡系统动力抬升作用，以及涡前西南暖湿气流影响，
对流云团于 8 月 11 日夜间逐渐发展，影响京津冀地区北部到中部偏东地区（图 2.180），京津

冀地区东部局地出现暴雨。

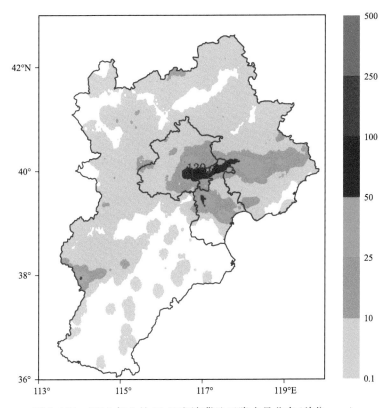

图 2.176　2017 年 8 月 11 日京津冀地区降水量分布(单位:mm)

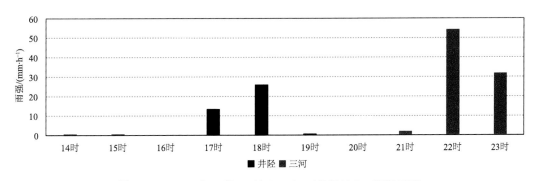

图 2.177　2017 年 8 月 11 日 14—23 时井陉站和三河站雨强

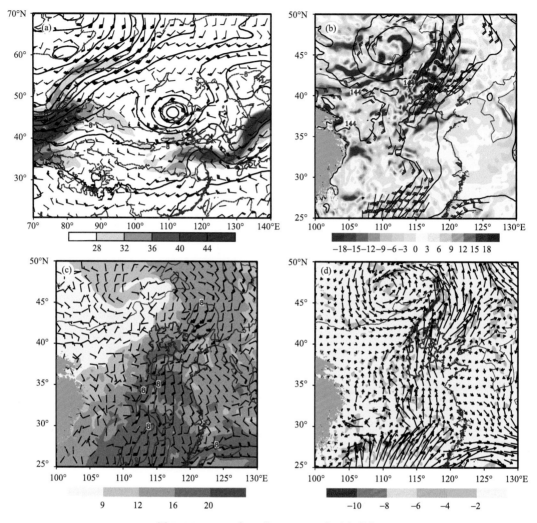

图 2.178　2017 年 8 月 11 日 16 时环流形势

(a)200 hPa 高空急流(填色,水平风速≥28 m·s⁻¹,单位:m·s⁻¹),500 hPa 位势高度场(黑色实线,单位:dagpm),500 hPa 温度场(红色虚线,单位:℃),500 hPa 风场(黑色箭头,单位:m·s⁻¹);(b)850 hPa 温度平流(填色,单位:10⁻⁵ K·s⁻¹),850 hPa 水平风速≥8 m·s⁻¹(风标,单位:m·s⁻¹);(c)925 hPa 比湿(填色,单位:g·kg⁻¹),925 hPa 风场(风标,单位:m·s⁻¹,蓝色实线为风速 8 m·s⁻¹);(d)整层水汽通量散度(填色,单位:10⁻³ g·(m²·s)⁻¹),整层水汽通量(黑色箭头,单位:1×10³ g·(m·s)⁻¹)

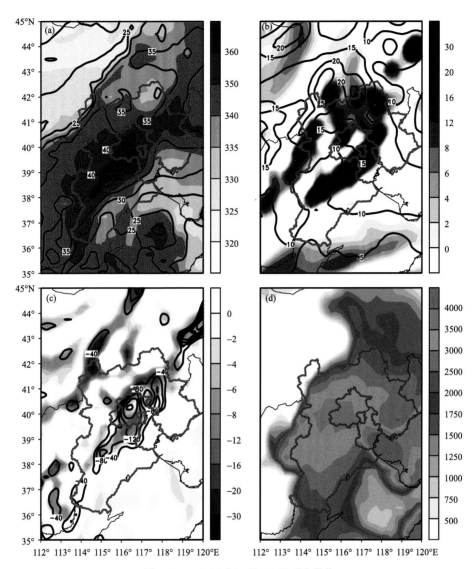

图 2.179　2017 年 8 月 11 日对流潜势

11 日 18 时(a)K 指数(黑色等值线,单位:℃,间隔:5 ℃)和假相当位温(填色,单位:K);(b)200 hPa 高空辐散场(填色,单位:10^{-5} s^{-1})和 500 hPa、850 hPa 之间垂直风切变(黑色等值线,单位:m·s^{-1},间隔:5 m·s^{-1});(c)850 hPa 高空辐合场(填色,单位:10^{-5} s^{-1})和 850 hPa 垂直速度(黑色等值线,单位:10^{-2} Pa·s^{-1},间隔:40×10^{-2} Pa·s^{-1});11 日 00 时(d)对流有效位能(填色,单位:J·kg^{-1})

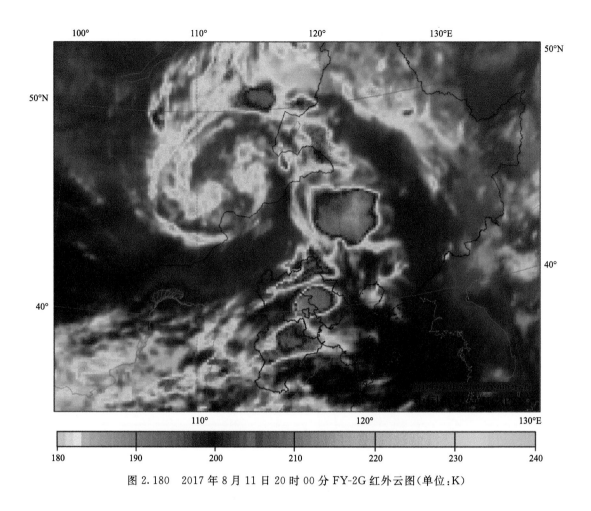

图 2.180　2017 年 8 月 11 日 20 时 00 分 FY-2G 红外云图(单位:K)

2.37　2017 年 8 月 12 日京津冀地区中部局地暴雨

【降雨实况】2017 年 8 月 12 日京津冀地区中部出现局地暴雨,最大日累计降水量达 109.1 mm(图 2.181)。国家站中最大雨强出现在肃宁站,13 时最大,达 37.2 mm·h^{-1},该站 21 时雨强也较大,达到 26.3 mm·h^{-1}(图 2.182)。

【天气形势和对流潜势】500 hPa 西风带呈"两槽(涡)"的环流形势,影响中国东部的冷涡中心位于蒙古国东部,京津冀地区位于冷涡前部、底部西南气流中;副高位于 20°N 附近、台湾以东海面上。冷涡为深厚系统,在对流层低层,冷涡位置与 500 hPa 接近,京津冀地区位于其前部的低空急流入口区右侧。从对流层低层来看,水汽条件充沛,925 hPa 比湿超过 16 g·kg^{-1},并且有较好的暖平流条件(图 2.183)。京津冀地区中部 K 指数超过 30 ℃,低层假相当位温超过 340 K,且位于 CAPE 大值中心区附近(超过 4000 J·kg^{-1})。中部具备较好的高层辐散条件,位于显著上升运动区中(图 2.184)。受其影响,对流云团于 8 月 12 日下午发展旺盛并影响京津冀地区中部(图 2.185),京津冀地区中部局地出现暴雨。

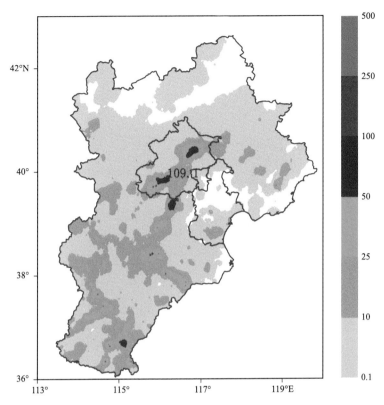

图 2.181　2017 年 8 月 12 日京津冀地区降水量分布（单位：mm）

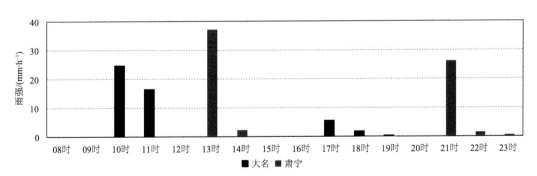

图 2.182　2017 年 8 月 12 日 08—23 时大名站和肃宁站雨强

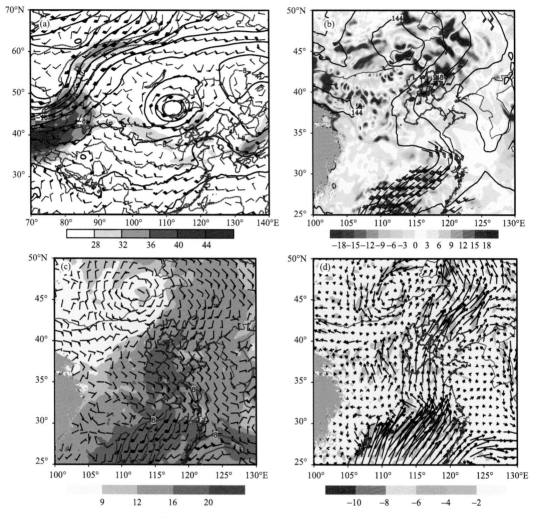

图 2.183　2017 年 8 月 12 日 05 时环流形势

(a)200 hPa 高空急流(填色,水平风速≥28 m・s⁻¹,单位:m・s⁻¹),500 hPa 位势高度场(黑色实线,单位:
dagpm),500 hPa 温度场(红色虚线,单位:℃),500 hPa 风场(黑色箭头,单位:m・s⁻¹);(b)850 hPa 温度平
流(填色,单位:10⁻⁵ K・s⁻¹),850 hPa 水平风速≥8 m・s⁻¹(风标,单位:m・s⁻¹);(c)925 hPa 比湿(填色,
单位:g・kg⁻¹),925 hPa 风场(风标,单位:m・s⁻¹,蓝色实线为风速 8 m・s⁻¹);(d)整层水汽通量散度(填
色,单位:10⁻³ g・(m²・s)⁻¹),整层水汽通量(黑色箭头,单位:1×10³ g・(m・s)⁻¹)

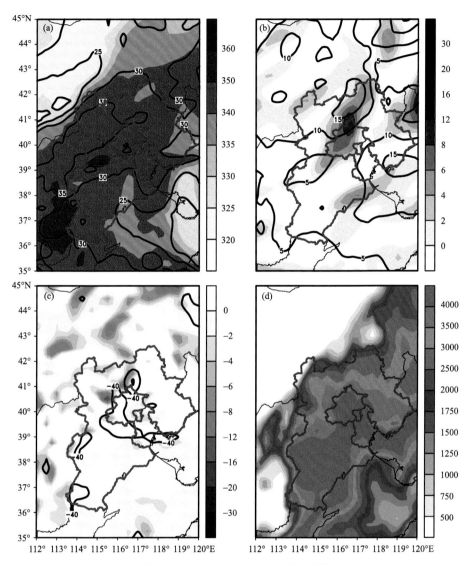

图 2.184　2017 年 8 月 12 日对流潜势

12 日 07 时(a)K 指数(黑色等值线,单位:℃,间隔:5 ℃)和假相当位温(填色,单位:K);(b)200 hPa 高空辐散场(填色,单位:10^{-5} s^{-1})和 500 hPa,850 hPa 之间垂直风切变(黑色等值线,单位:m·s^{-1},间隔:5 m·s^{-1});(c)850 hPa 高空辐合场(填色,单位:10^{-5} s^{-1})和 850 hPa 垂直速度(黑色等值线,单位:10^{-2} Pa·s^{-1},间隔:40×10^{-2} Pa·s^{-1});11 日 13 时(d)对流有效位能(填色,单位:J·kg^{-1})

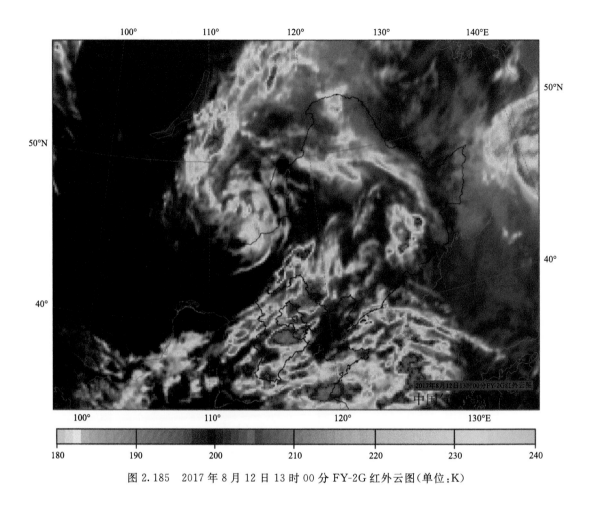

图 2.185　2017 年 8 月 12 日 13 时 00 分 FY-2G 红外云图(单位:K)

2.38　2017 年 8 月 16 日京津冀地区东部暴雨

【降雨实况】2017 年 8 月 16 日(图 2.186)京津冀地区东部出现暴雨,最大日累计降水量达 177.9 mm。国家站中最大雨强出现在临西站,17 日 03 时最大,达 44.5 mm・h^{-1}(图 2.187)。

【天气形势和对流潜势】500 hPa 西风带呈"两槽(涡)一脊"的环流形势,影响中国东部的冷涡中心位于内蒙古东部—辽宁西部,京津冀地区位于冷涡后部、底部西北气流中;副高位于 25°N 附近、台湾东北部海面上。冷涡为深厚低值系统,在对流层低层,位置较 500 hPa 偏南,位于北京附近,京津冀地区东部位于其前部偏南气流中。对流层低层水汽条件充沛,925 hPa 比湿超过 12 g・kg^{-1},并且有较好的低层暖平流条件(图 2.188)。京津冀地区东部低层假相当位温超过 340 K,部分地区有一定不稳定能量。东部具备较好的高层辐散条件和低层辐合条件,局部地区有显著上升运动(图 2.189)。受低涡的动力抬升作用和低层水汽辐合影响,对流云团在 17 日凌晨京津冀地区南部、东部逐渐发展(图 2.190),京津冀地区南部、东部局地出现暴雨。

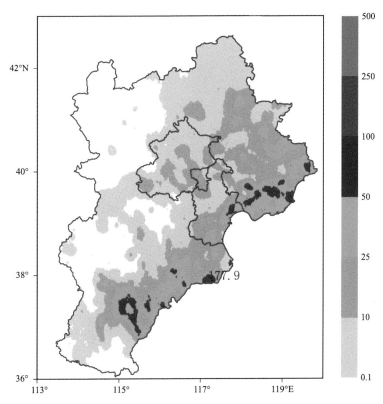

图 2.186　2017 年 8 月 16 日京津冀地区降水量分布(单位:mm)

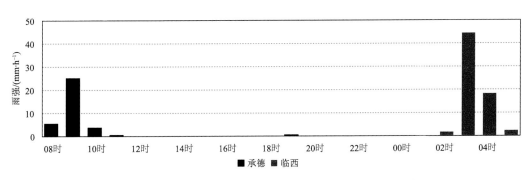

图 2.187　2017 年 8 月 16 日 08 时—17 日 05 时承德站和临西站雨强

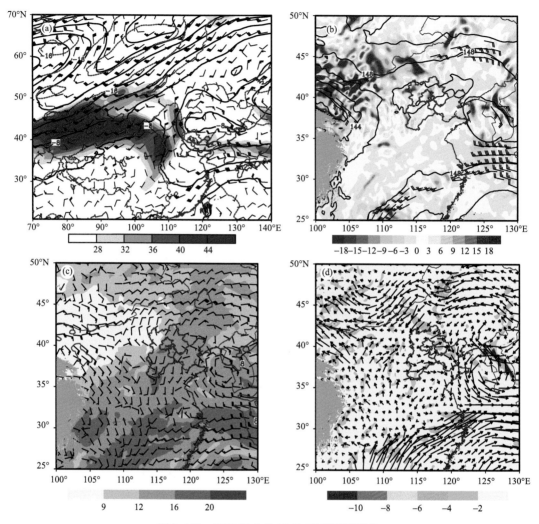

图 2.188　2017 年 8 月 16 日 05 时环流形势

(a)200 hPa 高空急流(填色,水平风速≥28 m·s⁻¹,单位:m·s⁻¹),500 hPa 位势高度场(黑色实线,单位:dagpm),500 hPa 温度场(红色虚线,单位:℃),500 hPa 风场(黑色箭头,单位:m·s⁻¹);(b)850 hPa 温度平流(填色,单位:10^{-5} K·s⁻¹),850 hPa 水平风速≥8 m·s⁻¹(风标,单位:m·s⁻¹);(c)925 hPa 比湿(填色,单位:g·kg⁻¹),925 hPa 风场(风标,单位:m·s⁻¹,蓝色实线为风速 8 m·s⁻¹);(d)整层水汽通量散度(填色,单位:10^{-3} g·(m²·s)⁻¹),整层水汽通量(黑色箭头,单位:$1×10^3$ g·(m·s)⁻¹)

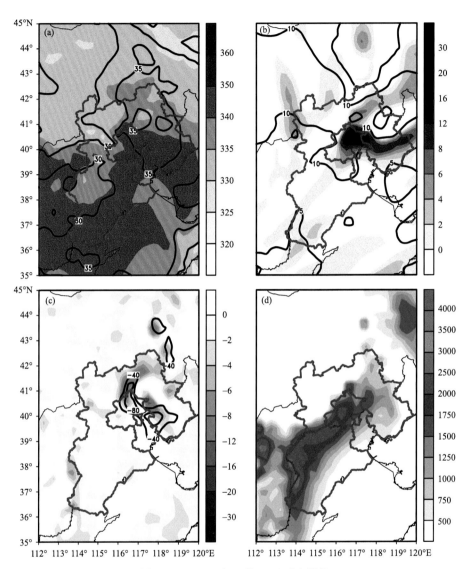

图 2.189　2017 年 8 月 16 日对流潜势

16 日 09 时(a)K 指数(黑色等值线,单位:℃,间隔:5 ℃)和假相当位温(填色,单位:K);(b)200 hPa 高空辐散场(填色,单位:10^{-5} s^{-1})和 500 hPa、850 hPa 之间垂直风切变(黑色等值线,单位:m·s^{-1},间隔:5 m·s^{-1});(c)850 hPa 高空辐合场(填色,单位:10^{-5} s^{-1})和 850 hPa 垂直速度(黑色等值线,单位:10^{-2} Pa·s^{-1},间隔:40×10^{-2} Pa·s^{-1});15 日 15 时(d)对流有效位能(填色,单位:J·kg^{-1})

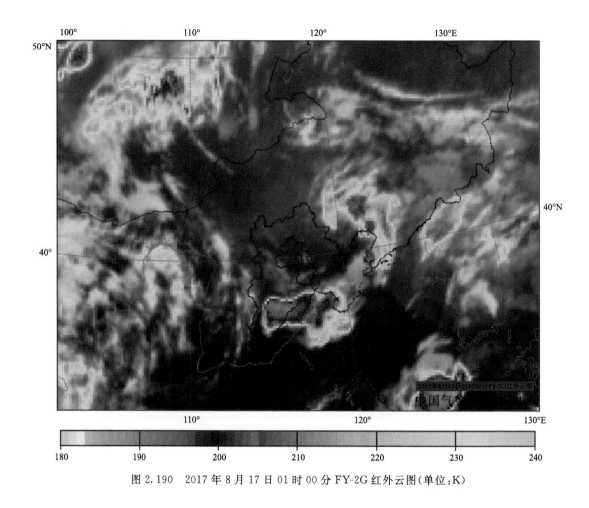

图 2.190　2017 年 8 月 17 日 01 时 00 分 FY-2G 红外云图(单位:K)

2.39　2018 年 6 月 13 日京津冀地区北部局地暴雨

【降雨实况】2018 年 6 月 13 日京津冀地区北部出现局地暴雨,最大日累计降水量达 88 mm (图 2.191)。国家站中最大雨强出现在丰宁站,08 时最大,达 34.3 mm·h^{-1}(图 2.192)。

【天气形势和对流潜势】500 hPa 西风带呈"一槽(涡)一脊"的环流形势,影响中国东部的冷涡主体位于黑龙江以北,并在京津冀地区西北部上空存在副中心,受其影响,京津冀地区北部处于偏北风和西北风的切变中,冷空气作用显著;副高位于 20°N 以南海面上。在对流层低层,京津冀地区北部位于偏东风和偏北风的切变附近,在对流层高层,位于 200 hPa 高空急流出口区左侧;同时北部 925 hPa 比湿约 9 g·kg^{-1},对流层低层有一定的水汽条件;京津冀地区暖平流条件优越,位于超过 18×10^{-5} K·s^{-1}的暖平流中心;京津冀地区为水汽辐合区域 (图 2.193)。京津冀地区北部 K 指数约 30℃,且具备一定低层辐合、200 hPa 高空辐散和垂直运动条件。CAPE 达到 1000 J·kg^{-1}以上,且位于垂直风切变大值区(超过 20 m·s^{-1}),有利于在局部地区形成较强的对流风暴(图 2.194)。受其影响,对流云团于 6 月 13 日凌晨在京津冀地区东部逐渐发展,京津冀地区东北部局地出现暴雨(图 2.195)。

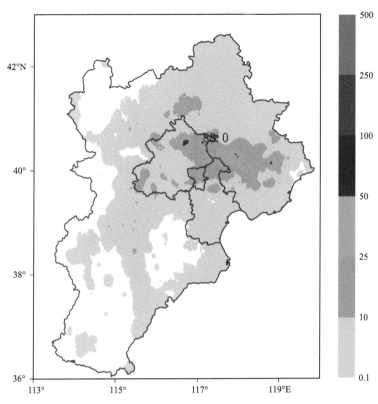

图 2.191　2018 年 6 月 13 日京津冀地区降水量分布(单位:mm)

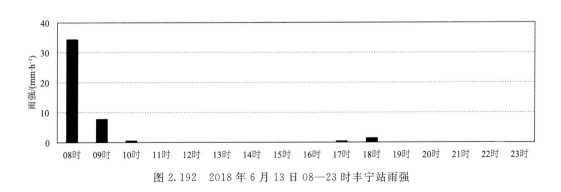

图 2.192　2018 年 6 月 13 日 08—23 时丰宁站雨强

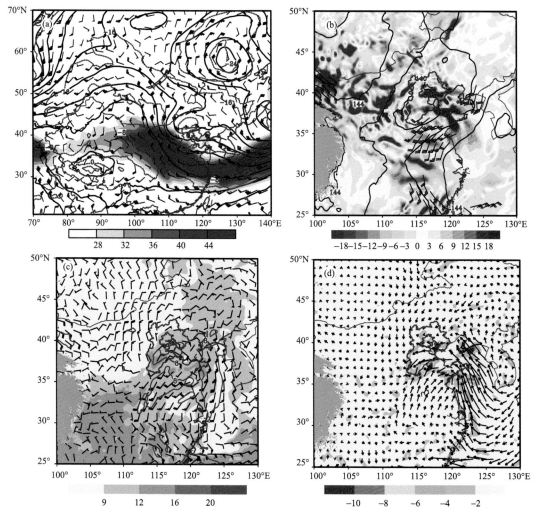

图 2.193　2018 年 6 月 13 日 02 时环流形势

(a)200 hPa 高空急流(填色,水平风速≥28 m·s⁻¹,单位:m·s⁻¹),500 hPa 位势高度场(黑色实线,单位:dagpm),500 hPa 温度场(红色虚线,单位:℃),500 hPa 风场(黑色箭头,单位:m·s⁻¹);(b)850 hPa 温度平流(填色,单位:10⁻⁵ K·s⁻¹),850 hPa 水平风速≥8 m·s⁻¹(风标,单位:m·s⁻¹);(c)925 hPa 比湿(填色,单位:g·kg⁻¹),925 hPa 风场(风标,单位:m·s⁻¹,蓝色实线为风速 8 m·s⁻¹);(d)整层水汽通量散度(填色,单位:10⁻³ g·(m²·s)⁻¹),整层水汽通量(黑色箭头,单位:1×10³ g·(m·s)⁻¹)

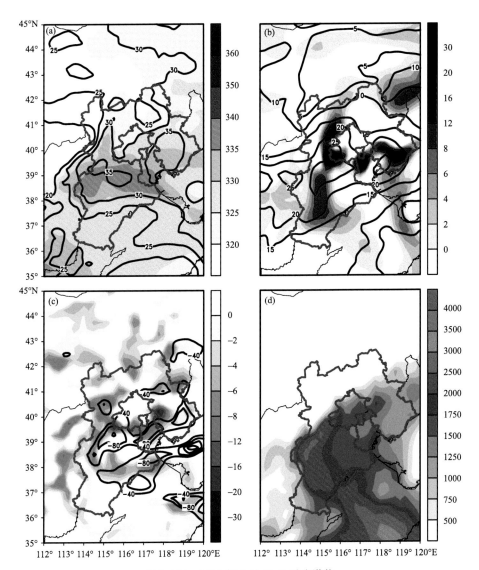

图 2.194　2018 年 6 月 13 日对流潜势

13 日 05 时(a)K 指数(黑色等值线,单位:℃,间隔:5 ℃)和假相当位温(填色,单位:K);(b)200 hPa 高空辐散场(填色,单位:10^{-5} s^{-1})和 500 hPa、850 hPa 之间垂直风切变(黑色等值线,单位:m·s^{-1},间隔:5 m·s^{-1});(c)850 hPa 高空辐合场(填色,单位:10^{-5} s^{-1})和 850 hPa 垂直速度(黑色等值线,单位:10^{-2} Pa·s^{-1},间隔:40×10^{-2} Pa·s^{-1});12 日 11 时(d)对流有效位能(填色,单位:J·kg^{-1})

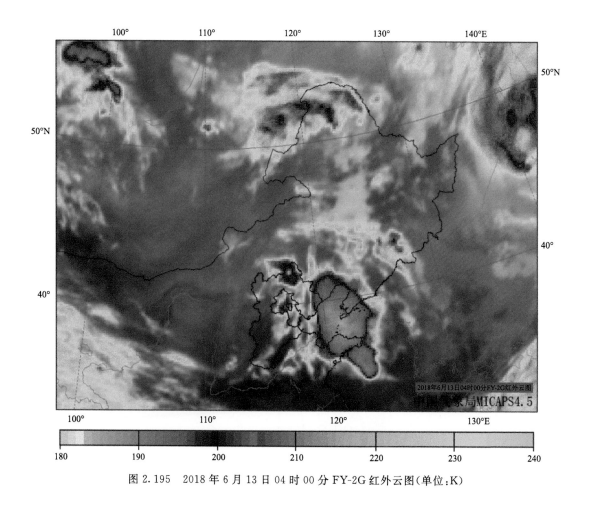

图 2.195　2018 年 6 月 13 日 04 时 00 分 FY-2G 红外云图(单位:K)

2.40　2019 年 6 月 7 日京津冀地区南部和东部局地暴雨

【降雨实况】2019 年 6 月 7 日京津冀地区南部和东部出现局地暴雨,最大日累计降水量达 60.4 mm(图 2.196)。国家站中最大雨强出现在峰峰站,20 时最大,达 36.2 mm·h⁻¹;赞皇站 连续 3 h 雨强超过 20 mm·h⁻¹(图 2.197)。

【天气形势和对流潜势】500 hPa 西风带呈多波型的环流形势,影响中国东部的冷涡中心 位于中国内蒙古北部—蒙古国交界附近,京津冀地区位于冷涡后部、底部西北气流中;副高位 于 20°N 以南海面上。在对流层低层,京津冀地区中部位于大风速带的气旋性切变附近,在对 流层高层,位于 200 hPa 高空急流出口区;同时中部具备较好的低层水汽条件(925 hPa 比湿约 10 g·kg⁻¹),并且位于冷暖平流交汇区(图 2.198)。京津冀地区南部 K 指数约 35 ℃,西南部 地区假相当位温最高,约 340 K;南部低层辐合相对较大,并存在 200 hPa 高空辐散强中心,与 强降水落区的对应关系相对较好(图 2.199)。受其影响,6 月 7 日傍晚京津冀地区南部和东部 局地对流云团逐渐发展,局地出现暴雨天气(图 2.200)。

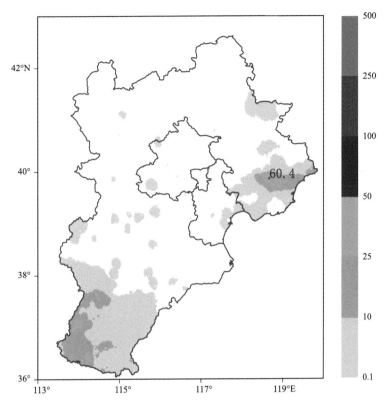

图 2.196　2019 年 6 月 7 日京津冀地区降水量分布(单位:mm)

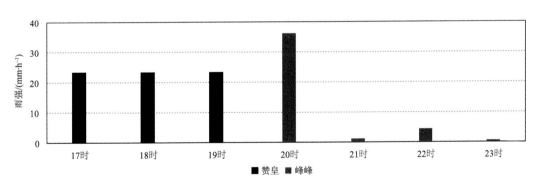

图 2.197　2019 年 6 月 7 日 17—23 时赞皇站和峰峰站雨强

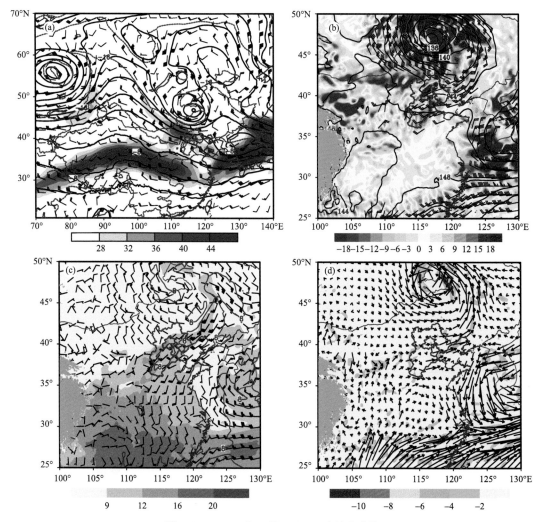

图 2.198　2019 年 6 月 7 日 12 时环流形势

(a)200 hPa 高空急流(填色,水平风速≥28 m·s⁻¹,单位:m·s⁻¹),500 hPa 位势高度场(黑色实线,单位:dagpm),500 hPa 温度场(红色虚线,单位:℃),500 hPa 风场(黑色箭头,单位:m·s⁻¹);(b)850 hPa 温度平流(填色,单位:10⁻⁵ K·s⁻¹),850 hPa 水平风速≥8 m·s⁻¹(风标,单位:m·s⁻¹);(c)925 hPa 比湿(填色,单位:g·kg⁻¹),925 hPa 风场(风标,单位:m·s⁻¹,蓝色实线为风速 8 m·s⁻¹);(d)整层水汽通量散度(填色,单位:10⁻³ g·(m²·s)⁻¹),整层水汽通量(黑色箭头,单位:1×10³ g·(m·s)⁻¹)

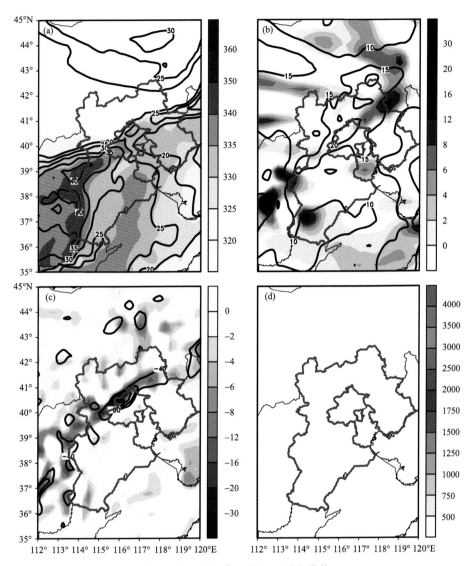

图 2.199　2019 年 6 月 7 日对流潜势

7 日 16 时(a)K 指数(黑色等值线,单位:℃,间隔:5 ℃)和假相当位温(填色,单位:K);(b)200 hPa 高空辐散
场(填色,单位:10^{-5} s^{-1})和 500 hPa、850 hPa 之间垂直风切变(黑色等值线,单位:m·s^{-1},间隔:5 m·s^{-1});
(c)850 hPa 高空辐合场(填色,单位:10^{-5} s^{-1})和 850 hPa 垂直速度(黑色等值线,单位:10^{-2} Pa·s^{-1},间
隔:40×10^{-2} Pa·s^{-1});6 日 22 时(d)对流有效位能(填色,单位:J·kg^{-1})

图 2.200　2019 年 6 月 7 日 18 时 00 分 FY-2G 红外云图(单位:K)

2.41　2019 年 7 月 2 日京津冀地区中部、南部局地暴雨

【降雨实况】2019 年 7 月 2 日京津冀地区中部、南部出现局地暴雨,最大日累计降水量达 54.4 mm(图 2.201)。国家站中最大雨强出现在文安站,18 时最大,达 53.5 mm·h^{-1}(图 2.202)。

【天气形势和对流潜势】500 hPa 西风带呈"两槽(涡)一脊"的环流形势,影响中国东部的冷涡中心位于黑龙江省北部,京津冀地区位于冷涡后部、底部西北气流中;副高偏南、偏东,退居 25°N 附近海面上。在对流层低层,京津冀地区南部位于低空切变线附近,在对流层高层,位于 200 hPa 高空急流出口区左侧;同时南部、中部具备较好的低层水汽条件(925 hPa 比湿约 10 g·kg^{-1})和暖平流条件(15×10^{-5} K·s^{-1})(图 2.203)。京津冀地区中部和南部 K 指数约 35 ℃,南部假相当位温更高(约 340 K);中部和南部低层辐合较大,与暴雨落区的对应关系较好,与此同时,200 hPa 高空辐散在中部、南部也偏大,对应在南部暴雨区附近有上升运动的强中心(−80×10^{-2} Pa·s^{-1})(图 2.204)。受到高层冷空气和低层暖平流的影响,对流云团在京津冀地区中部发展(图 2.205),京津冀地区中部局地出现暴雨。

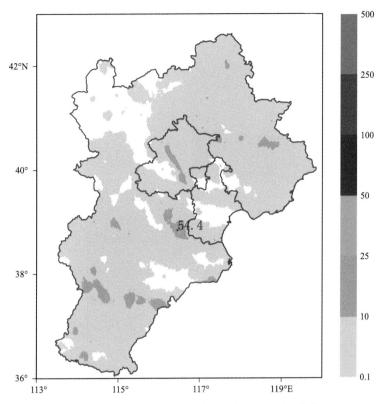

图 2.201　2019 年 7 月 2 日京津冀地区降水量分布(单位:mm)

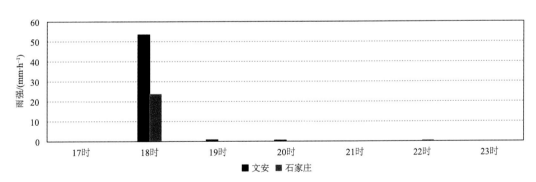

图 2.202　2019 年 7 月 2 日 17—23 时文安站和石家庄站雨强

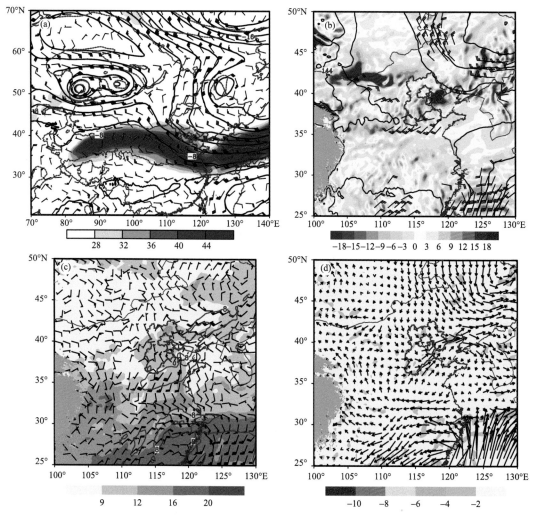

图 2.203 2019 年 7 月 2 日 12 时环流形势

(a)200 hPa 高空急流(填色,水平风速≥28 m・s⁻¹,单位:m・s⁻¹),500 hPa 位势高度场(黑色实线,单位:
dagpm),500 hPa 温度场(红色虚线,单位:℃),500 hPa 风场(黑色箭头,单位:m・s⁻¹);(b)850 hPa 温度平
流(填色,单位:10⁻⁵ K・s⁻¹),850 hPa 水平风速≥8 m・s⁻¹(风标,单位:m・s⁻¹);(c)925 hPa 比湿(填色,
单位:g・kg⁻¹),925 hPa 风场(风标,单位:m・s⁻¹,蓝色实线为风速 8 m・s⁻¹);(d)整层水汽通量散度(填
色,单位:10⁻³ g・(m²・s)⁻¹),整层水汽通量(黑色箭头,单位:1×10³ g・(m・s)⁻¹)

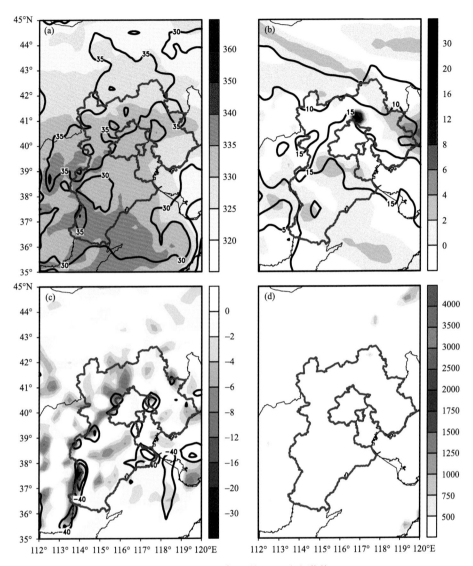

图 2.204　2019 年 7 月 2 日对流潜势

2 日 13 时(a)K 指数(黑色等值线,单位:℃,间隔:5 ℃)和假相当位温(填色,单位:K);(b)200 hPa 高空辐散场(填色,单位:10⁻⁵ s⁻¹)和 500 hPa,850 hPa 之间垂直风切变(黑色等值线,单位:m·s⁻¹,间隔:5 m·s⁻¹);(c)850 hPa 高空辐合场(填色,单位:10⁻⁵ s⁻¹)和 850 hPa 垂直速度(黑色等值线,单位:10⁻² Pa·s⁻¹,间隔:40×10⁻² Pa·s⁻¹);1 日 19 时(d)对流有效位能(填色,单位:J·kg⁻¹)

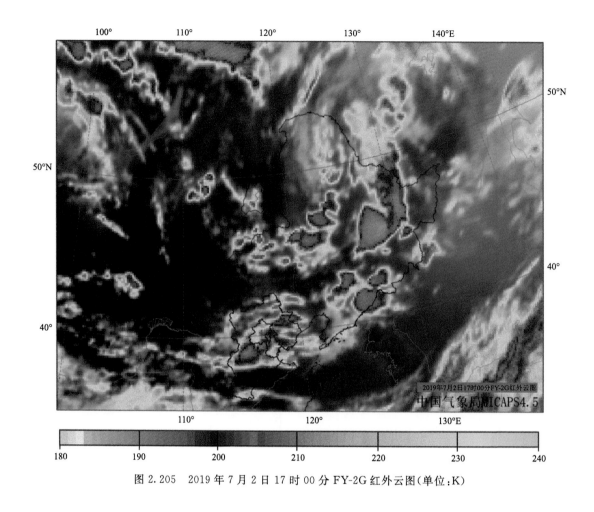

图2.205　2019年7月2日17时00分FY-2G红外云图(单位:K)

2.42　2019年7月5—6日京津冀地区东部局地暴雨

【降雨实况】2019年7月5—6日京津冀地区东部连续2日出现局地暴雨,最大日累计降水量达93.7 mm(图2.206)。国家站中最大雨强出现在海兴站,6日06时最大,达39.4 mm·h⁻¹(图2.207)。

【天气形势和对流潜势】500 hPa西风带呈"两槽(涡)一脊"的环流形势,影响中国东部的冷涡中心位于蒙古国东部—中国东北地区西部一带,京津冀地区位于冷涡后部偏北气流中;副高偏南,位于20°N附近。在对流层低层,京津冀地区东部位于低空切变线附近,同时具备较好的低层水汽条件(925 hPa比湿12 g·kg⁻¹)和暖平流条件(18×10⁻⁵ K·s⁻¹)(图2.208)。京津冀地区大部分K指数超过30 ℃,且东部大于西部;东部假相当位温更高(约330 K),大部分地区CAPE达500 J·kg⁻¹以上;200 hPa高空辐散大值区主要位于东部,相对于低层辐合区来说与暴雨落区有更好的对应关系;东部850~500 hPa垂直风切变约10 m·s⁻¹,为中等强度(图2.209)。受到低涡动力抬升作用,对流云团在低层暖湿空气中逐渐发展,控制京津冀地区东部(图2.210),导致7月5—6日京津冀地区东部局地出现暴雨。

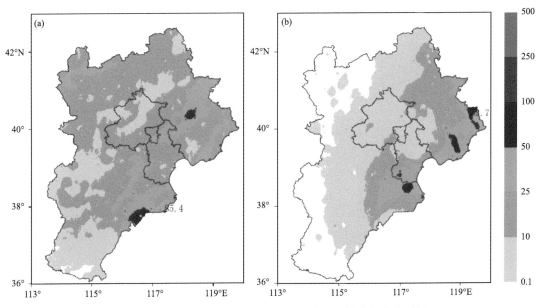

图 2.206　2019 年 7 月 5 日(a)和 6 日(b)京津冀地区降水量分布(单位:mm)

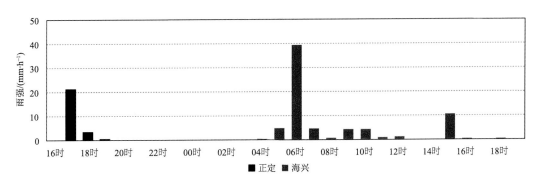

图 2.207　2019 年 7 月 5 日 16 时—6 日 19 时正定站和海兴站雨强

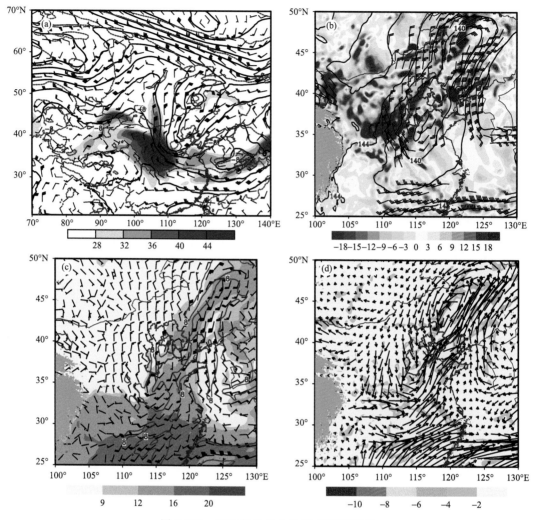

图 2.208　2019 年 7 月 6 日 00 时环流形势

(a)200 hPa 高空急流(填色,水平风速≥28 m·s⁻¹,单位:m·s⁻¹),500 hPa 位势高度场(黑色实线,单位:
dagpm),500 hPa 温度场(红色虚线,单位:℃),500 hPa 风场(黑色箭头,单位:m·s⁻¹);(b)850 hPa 温度平
流(填色,单位:10⁻⁵ K·s⁻¹),850 hPa 水平风速≥8 m·s⁻¹(风标,单位:m·s⁻¹);(c)925 hPa 比湿(填色,
单位:g·kg⁻¹),925 hPa 风场(风标,单位:m·s⁻¹,蓝色实线为风速 8 m·s⁻¹);(d)整层水汽通量散度(填
色,单位:10⁻³ g·(m²·s)⁻¹),整层水汽通量(黑色箭头,单位:1×10³ g·(m·s)⁻¹)

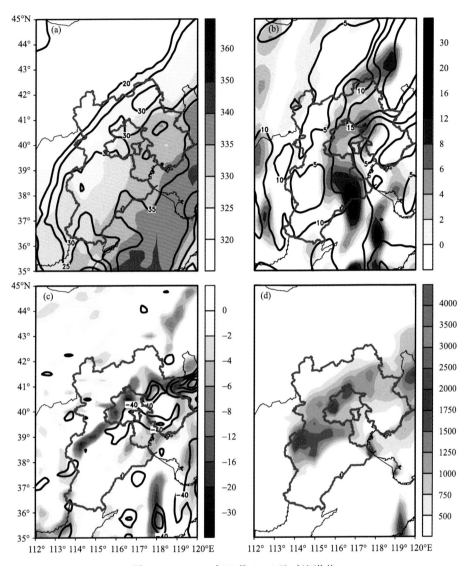

图 2.209　2019 年 7 月 5—6 日对流潜势

6 日 11 时(a)K 指数(黑色等值线,单位:℃,间隔:5 ℃)和假相当位温(填色,单位:K);(b)200 hPa 高空辐散场(填色,单位:10^{-5} s^{-1})和 500 hPa、850 hPa 之间垂直风切变(黑色等值线,单位:m·s^{-1},间隔:5 m·s^{-1});(c)850 hPa 高空辐合场(填色,单位:10^{-5} s^{-1})和 850 hPa 垂直速度(黑色等值线,单位:10^{-2} Pa·s^{-1},间隔:40×10^{-2} Pa·s^{-1});5 日 17 时(d)对流有效位能(填色,单位:J·kg^{-1})

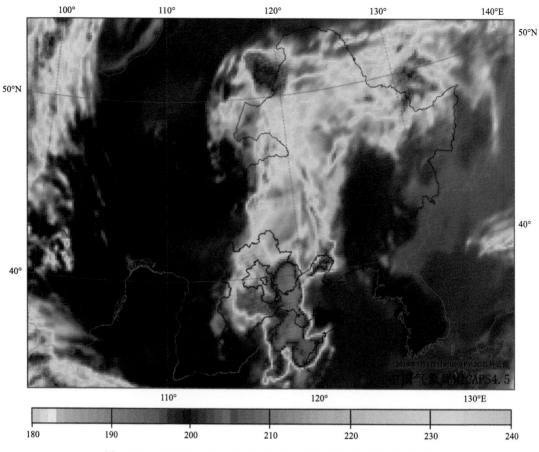

图 2.210　2019 年 7 月 6 日 11 时 00 分 FY-2G 红外云图(单位:K)

参考文献

陈力强，张立祥，周小珊，2008. 东北冷涡不稳定能量分布特征及其与降水落区的关系[J]. 高原气象，27（2）：339-348.

崔慧慧，冯慧敏，2017. 东北冷涡持续影响下郑州地区多日对流天气特征分析[J]. 科学技术与工程，17（6）：1671-1815.

符娇兰，陈双，沈晓琳，等，2019. 两次华北冷涡降水成因及预报偏差对比分析[J]. 气象，45（5）：606-620.

何晗，谌芸，肖天贵，等，2015. 冷涡背景下短时强降水的统计分析[J]. 气象，41（12）：1466-1476.

李江波，王宗敏，王福侠，等，2011. 华北冷涡连续降雹的特征与预报[J]. 高原气象，30（4）：1119-1131.

李尚锋，任航，高枞亭，等，2022. 1981—2019 年吉林省暖季冷涡降水时空变化特征[J]. 大气科学，46（1）：1-14.

沈新勇，张弛，高焕妍，等，2020. 三类高空冷涡的划分及其动态合成分析[J]. 暴雨灾害，39（1）：1-9.

杨珊珊，谌芸，李晟祺，等，2016. 冷涡背景下飑线过程统计分析[J]. 气象，42（9）：1079-1089.

俞小鼎，2012. 2012 年 7 月 21 日北京特大暴雨成因分析[J]. 气象，38（11）：1313-1329.

郁珍艳，何立富，范广洲，等，2011. 华北冷涡背景下强对流天气的基本特征分析[J]. 热带气象学报，27（1）：89-94.